U0264895

水下无线光通信技术与应用

Underwater Wireless Optical Communication Technologies and Applications

陈卫标 周田华 毛忠阳 朱小磊 著

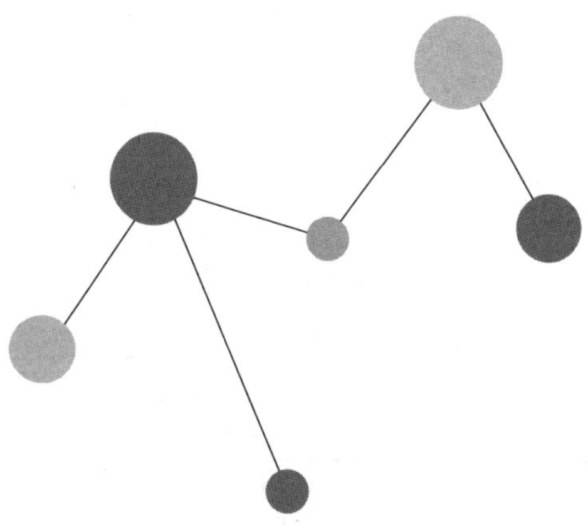

人民邮电出版社
北京

图书在版编目（CIP）数据

水下无线光通信技术与应用 / 陈卫标等著. -- 北京 : 人民邮电出版社, 2024. -- (海洋信息技术丛书).

ISBN 978-7-115-65622-3

Ⅰ. TN929.3

中国国家版本馆 CIP 数据核字第 2024EY9523 号

内 容 提 要

本书面向水下海洋科考平台对水下大容量数据无线传输的需求，针对水下无线光通信技术进行原理、模型、器件、系统的分解阐述，开展技术预测与展望。首先，概述激光的海洋传输特性，对水下无线光通信信道特性进行仿真。然后，面向水下光通信需求，探讨了水下无线光通信系统组成，重点阐述了水下无线光通信光源、水下光电探测和信息获取等关键技术，并进一步结合实际需求，详细介绍了水下长距离高速无线光通信系统的设计与案例。最后，对水下无线光通信技术在深海大洋以及空间组网等方面的应用与展望进行了探讨。

本书适合希望了解水下无线光通信技术的人士阅读，不仅可作为水下无线光通信系统研究、开发和维护人员的专业参考书，也可以作为高等院校高年级本科生、硕士研究生与博士研究生的参考资料。同时，对于未来可能对水下无线光通信技术感兴趣的人员，本书内容也具有参考价值。

◆ 著　　陈卫标　周田华　毛忠阳　朱小磊

责任编辑　贾子睿

责任印制　马振武

◆ 人民邮电出版社出版发行　　北京市丰台区成寿寺路 11 号

邮编　100164　　电子邮件　315@ptpress.com.cn

网址　https://www.ptpress.com.cn

涿州市京南印刷厂印刷

◆ 开本：720×960　1/16

印张：13.25　　2024 年 12 月第 1 版

字数：230 千字　　2024 年 12 月河北第 1 次印刷

定价：139.80 元

读者服务热线：(010)53913866　印装质量热线：(010)81055316

反盗版热线：(010)81055315

海洋信息技术丛书

前　言

建设海洋强国是国家重要的发展战略。随着海洋测绘学和海底观测技术的不断发展，水下通信的需求越来越高，特别是对水下无线通信的误码率、通信距离、通信速率等的要求越来越高。受趋肤效应影响，微波难以在水下长距离传输。目前水下通信的主要手段为长波通信和水声通信。长波通信速率极低，水下传输深度可达百米，主要适用于大型台站通信。水声通信低速时传输距离可达数百千米，是目前水下通信采用的主要技术。但两者都难以满足目前日益提高的水下大容量数据快速传输需求。

海水在 450～550nm 的波长（蓝绿光谱段）上显示出较低的衰减特性。蓝绿光谱段是海水中唯一的低损耗光学窗口，可穿透水下数百米。激光的海洋传输特性与水质密切相关，水质越洁净，越适合蓝绿光较长距离的传输与应用。深海大洋水质洁净，达到了 Jerlov I 类光学水体标准，蓝绿光百米传输距离的衰减不超过 20dB，深海大洋特别适合蓝绿光较长距离传输与应用，该环境下蓝绿光大有用武之地。将蓝绿光作为载体，将信息编码调制到蓝绿光上发射出去，接收端采用光学天线汇聚信号，利用高灵敏度光电探测器进行光/电转换，通过解调译码，可实现水下无线数据传输，尤其可在深海大洋环境下实现水下有人/无人平台、运载器和深海基站较长距离的水下无线高速通信。依托水下无线光通信（underwater wireless optical communication，UWOC）技术高速率、大容量、低时延等优势，可拓展出多种典型应用场景。

目前基于常规通断键控（on-off keying，OOK）调制和模拟探测接收的水下无线光通信技术在传输距离上已经逼近理论极限。为了满足长距离、高速率、大容量等诸多水下系统需求，需要水下无线光通信技术在基础理论、系统设计、工程应用等多个方面取得全新突破。

本书主要对水下无线光通信技术进行总结与展望。全书分为 8 章。第 1 章概述了水下无线光通信的需求背景、应用场景和技术指标，介绍了国内外的研究进展。第 2 章面向海洋环境，介绍了激光的海洋传输特性，主要对海洋信道的组成及其光学特性进行阐述。第 3 章探讨了水下无线光通信信道特性的仿真方法，展示了仿真得到的信道特性。第 4 章对水下无线光通信系统中的关键技术进行详细介绍，主要包括 UWOC 系统架构、发射机、接收机，以及调制、编码技术，同时讨论了相应技术的发展。第 5 章和第 6 章针对提升水下激光信息传输应用系统性能的核心关键器件——光源和探测器进行阐述：第 5 章重点针对水下无线光通信光源进行阐述，提出发展具有特殊性能参数的蓝绿光光源；第 6 章重点针对水下光电探测和信息获取进行阐述，介绍研发合适的水下蓝绿光探测系统对于系统性能提升的重要性。第 7 章结合实际海洋考察需求，介绍了水下长距离高速无线光通信系统的详细设计，以及开展的实验。第 8 章对水下无线光通信技术在深海大洋及空间组网等方面的应用与展望进行了探讨。

本书作者主要来自王之江激光创新中心（中国科学院上海光学精密机械研究所），长期从事水下无线光通信的科研和教学工作，对水下无线光通信技术的研究现状与发展趋势有着深刻理解与认识，对海洋传输信道特性、高性能光源、高灵敏度光电探测器、编码调制、解调译码等水下无线光通信的关键技术有着深入的研究。陈卫标负责统稿并撰写了第 1 章、第 2 章的部分内容和第 8 章的部分内容，周田华撰写了第 3 章、第 4 章、第 6 章和第 7 章，朱小磊撰写了第 5 章，中国人民解放军海军航空大学的毛忠阳协助撰写了第 2 章的部分内容和第 8 章的部分内容。

本书在编写过程中得到了复旦大学迟楠教授和浙江大学徐敬教授的指导，也得到了范婷威、陆婷婷、马剑、贺岩、胡善江等老师，以及顾韩彬、王杰、米乐、胡思奇、胡秀寒等同学的大力支持与协助，在此一并表示衷心感谢！

本书的出版得到了科技委基础研究重点项目（JCJQ）、国家自然科学基金重点项目（No.62031011）、国家重点研发计划项目（No.2022YFC2808100、No.2023YFC2808400），以及中国科学院A类战略性先导科技专项（XDA22000000）的大力支持。由于作者才疏学浅，书中难免出现错误以及不当之处，敬请同行专家和广大读者批评指正。

作　者

2024年8月

目　　录

第1章 概述

水下无线光通信（underwater wireless optical communication，UWOC）作为海洋观测与开发的信息桥梁获得了广泛关注和研究，本章将从背景和技术现状两个方面对水下无线光通信进行介绍，并对本书内容构成进行概括。

1.1 背景

近年来，随着全球气候的持续变化以及陆地资源的过度消耗，外加地球表面71%的面积被海水覆盖，人们开始将注意力转向对海洋观测、开发和利用的探索研究上。随着海洋测绘学和海底观测技术的不断发展，水下通信的需求越来越大，特别是对水下无线通信的误码率、通信距离、通信速率等的要求越来越高。如何有效地与水下进行通信仍然是一个需要深入研究的课题，目前主流的通信方式包括3种：射频通信、声学通信和光学通信。

射频通信已经广泛应用于大气层内的无线传输系统[1-3]。其中，特高频（ultrahigh frequency，UHF）和甚高频（very high frequency，VHF）已经广泛应用于卫星通信，然而将无线电通信应用于水下通信有不少的困难。当电磁波在海水中传播时，由于海水的导电性质，电磁波的电场和磁场主要集中在海水表面，这种现象被称为趋肤效应。趋肤效应导致电磁波的能量主要集中在导体表面，而随着深入导体内部，电磁场的强度迅速衰减。因此，在海水这样的导体中传播时，高频电磁波主要沿着海水表面传播，而不是深入海水内部，从而导致电磁波在海水中传播时衰减很快。根源在于水是一种电极性物质[4]，即使它是一个中性分子，也有一个非零电偶极矩（electric dipole moment），这个电偶极矩将决定分子和外部电场的相互作用[5]。因此，对于绝大部分射频范围（30kHz～300GHz）而言，海水相当于一个导体[6-7]，海水的电导率约为 4.3S/m。虽然海水的电导率比金属的电导率小，但它影响了电磁波的传输。射频段的衰减系数主要由海水的电导率决定，其表达式如式（1-1）表示[8]。

$$\chi_{\mathrm{c}}(\omega)=\frac{\sqrt{8\pi\mu\sigma\omega}}{c}\propto\sqrt{\omega} \tag{1-1}$$

其中，σ 为海水的电导率，ω 为射频信号的频率，μ 为真空磁导率，c 为光速。

射频段的海水 e 衰减深度（e-folding depth）如表 1-1 所示[9]，可以看出，高频段（UHF 和 VHF）在海水中衰减极快，所以高频段射频信号不能作为水下长距离通信的载波。海水对于低频段射频信号的衰减较小，这也是目前水下平台主要依靠甚低频（very low frequency，VLF）、超低频（super-low frequency，SLF）和极低频（extremely low frequency，ELF）进行通信的原因。但即使使用 ELF 通信系统，能够穿透的海水深度也极其有限，最大约为 144m，而且 ELF 系统的规模和耗资巨大。

表 1-1　射频段的海水 e 衰减深度

频段	频率范围/Hz	e 衰减深度/m
UHF	$3\times10^8\sim3\times10^9$	0
VHF	$3\times10^7\sim3\times10^8$	0
VLF	$3\times10^3\sim3\times10^4$	1.4～4.6
SLF	30～300	14.4～46
ELF	3～30	4.6～144

可用于水下传输的射频信道载波频率极低，极大地限制了水下系统的调制带宽，这意味着水下射频段的通信速率将会非常低。因此，无线电通信无法实现水下百米深度的高速通信。

目前，声学通信广泛应用于自由空间水下无线传输系统[10-13]，相比于低频通信可以实现更大的带宽调制[14]。在声学信道中，主要有两种损失机制[15-17]：在高频段主要取决于液体的黏性吸收，在低频段主要来自溶解化合物（如硼酸和碳酸镁）的分子吸收。以上两种损失机制均取决于介质的物理特性，如温度、盐度和压力。对于低于 10kHz 频率的声学信道，衰减非常小，低于 1dB/km。因此，在低频段声学通信中能实现水下长距离通信，其通信距离可达 1000km，也可在小于 100m 的距离内实现超过 100kbit/s 的通信[18]。但其仍然有很大的缺点，第一，频率较低，会造成带宽受限；第二，由于介质的折射，海底、海面和热层的反射会造成严重的多径效应[19]，进一步引起严重的码间串扰[14,19-20]；第三，声学信道保密性差，水下运动载体的位置很容易暴露，通信内容易被窃听。

自激光问世以来，水下激光通信技术发展迅速。光信道为水下通信提供了以下 4 个重要优势[8]：第一，光学载波的高频率可以提供很大的数据带宽；第二，发射机和接收机可以进行无线连接；第三，相比于无线信道和声学信道，光信道具有很高的保密性；第四，光信道可以完成数百米的大带宽数据传输。

1963 年，Sullivan[21]和 Duntley[22]分别通过测试发现在 470～580nm（蓝绿光）波段，光在海水中的衰减系数较小，小于 $0.1m^{-1}$，这一发现为水下激光通信建立可靠的链路提供了可能。水下蓝绿光无线通信具有通信速率高、设备体积小、保密性好等优点，已经得到了广泛的关注和研究，大量的仿真分析和实验结果已经证实了其可行性[23]。但是，水下光信道受环境条件影响严重，主要有 4 个因素影响水下光波传输[8]：第一，传输过程中的分子吸收；第二，传输过程中的分子散射；第三，悬浮颗粒和浮游植物引起的散射和吸收；第四，光束在时域和空域上的展宽。水体的吸收和散射会导致能量的损耗和脉冲的展宽，影响通信的距离和带宽，必须采取一定的措施来保证通信的可靠性。在空间激光通信中常采取的措施是采用具有大接收半径和大视场角的接收机来提高接收光功率，但将该措施应用到水下激光通信中具有一定的困难。一方面，随着通信深度的增加，水下设备受水压影响增大，需要通过限制接收半径来保证设备耐压；另一方面，由于通信过程中会受到背景光的影响，需要采用滤波片滤除杂光，而滤波片的使用又会限制接收视场角。在接收半径和视场角受限时，单个接收机可能无法获得足够强的信号。解决方案有两种，一是采用多台接收机，并利用分集接收的方式，对信号进行合成和增强，保证接收到足够的激光信号，降低信噪比要求[24]；二是采用超高灵敏度的基于单光子探测的光子计数接收方式，实现微弱光信号的接收[25]。通过上述两种方式可以提高接收机灵敏度，降低信噪比要求，这样可以显著地改善长距离通信的误码性能，提高通信的可靠性。针对激光信号在海水信道中产生的时域展宽，需要设定合适的帧结构来避免接收端的码间串扰带来的影响。对于蓝绿光通信，可以采用复用和高阶调制技术提升通信速率，对于单载波而言，要求很大的调制带宽，这导致时域展宽带来的码间串扰将不可避免，为此 Hu 等[26]提出采用 Viterbi 均衡的接收算法来降低码间串扰对高速激光通信的影响。

蓝绿光通信根据传输信道和应用场合可用分为跨介质蓝绿光通信和水下蓝绿光通信。跨介质蓝绿光通信瞄准的是水下平台与空中平台的直接通信，水下蓝绿光通信聚焦海底观测网节点的数据传输和分发。近年来，随着航空航天技术的快速发展，国外相继提出了基于高空无人机和卫星的蓝绿光通信设想和发展计划，我国在蓝绿光通信技术方面也已经积累了大量的经验，先后研制了水下与空中平台跨介质蓝绿光通信工程试验系统，以及水下高速光通信工程样机，在外场试验中取得了良好的试验效果，为后续深入研究奠定了扎实的基础。

1.2 水下无线光通信技术现状

本节分别介绍了国外和国内水下无线光通信的发展历程与技术现状，并分析了国内外的发展差距。

1.2.1 国外研究进展

美国海军从 1977 年提出卫星与水下平台通信的可行性后，就与美国国防远景研究规划局开始执行联合战略激光通信计划。美国海军从 1980 年起进行了 6 次海上大型蓝绿光水下平台通信试验；1981 年在圣地亚哥海域，利用功率为 1W 的 Nd:YAG 倍频激光器实现了高空 12km 对水下 300m 的单工激光通信；1988 年进行了飞机与以正常下潜深度（潜深）和航速航行的水下平台间的双工激光通信试验，验证了蓝绿光通信能在异常天气、大暴雨、海水浑浊等恶劣条件下正常进行[27-28]。

1983 年年底，苏联完成了把激光束发送到空间轨道反射镜后再转发到水下平台的激光通信试验。

1991 年，美国开展了自主数据光学中继实验（ADORE），使用一台二极管泵浦的 Nd:YAG 倍频激光器和一台紫翠宝石激光器实现了双向通信[28]。

2002—2011 年，美国北卡罗莱纳州立大学的 Mullen 等[29-31]和 Laux 等[32]为了模拟真实水质，在水中加入尼格罗黑和氢氧化铝镁以调整水的衰减和单次反照率，并设计了散射测量系统和通信系统，分别测量 0.05°～20°散射角处的光强，研究了激光在水中传输后能量的时间、空间分布特性，分析了单次反照率对光传输的影响，研究了不同浑浊度下水下光信道中轴线光和离轴光对频率的响应。

2004 年，澳大利亚国立大学的 Schill 等[33]设计了一套以三色发光二极管（LED）为光源的水下无线光通信系统。虽然该系统的通信距离与传输速率不是很理想，但有着器件体积小、造价低而且性能稳定等优点。

2006 年，美国伍兹霍尔海洋研究所的 Farr 等[34]设计了一套以 6 个 470nm 的蓝光 LED 作为光源的水下光通信实验系统，成功将 5MHz 的方波信号在水下传输了 91m。2008 年，伍兹霍尔海洋研究所的 Pontbriand 等[35]在百慕大群岛外 1000～2000m 的深海中实现了传输速率为 5Mbit/s 的 200m 长距离通信。2010—2013 年，伍兹霍尔海洋研究所的 Farr 等[36-37]研究了一个安装在水下观测站 CORK 857D 上的光学遥测系统（optical telemetry system，OTS），实现了超过 100m 距离的 1～10Mbit/s 速率的通信。

2007 年，Detweiller 等[38]设计了水下传感器网络硬件，研究了其在 3 种不同水质下的通信性能，成功地在海水、湖水和河水中进行了通信实验，实现了 330kbit/s 的点对点通信速率、300bit/s 的广播通信速率，最大通信距离为 24.7m。

2008 年，Hanson 等[39]在实验室制备的装有氢氧化铝镁悬浊液的 2m 长的水管中进行了实验，实现了 36dB 衰减下 1Gbit/s 的通信速率，并结合实验结果进行了蒙特卡洛（Monte Carlo，MC）仿真。仿真结果表明，在大洋水中可以实现通信速率大于 1Gbit/s 的数十米距离的无线光通信。

2009 年，Doniec 等[40]针对水下无线光通信系统，研制了 3 种水下光调制解调器，包括短距离型、长距离型和混合型。3 种装置采用不同的配置，长距离型使用了 6 个 LED 和 1 个高灵敏度探测器，短距离型使用了 1 个 LED 和 1 个低灵敏度探测器，混合型使用了 6 个 LED 和 1 个低灵敏度探测器。在较清澈的水中，当通信距离为 30m 时，系统实现了 1.2Mbit/s 的通信速率；在可见度为 3m 的水中，在 9m 范围内实现了 0.6Mbit/s 的通信速率[40]。

2009 年，Baiden 等[41]利用 LED 阵列，设计了多方向的 UWOC 系统，分别在水槽和水池中成功开展了通信实验，并分析了浑浊度、通信距离、视场角对通信效果的影响。

2009 年，意大利热那亚大学的 Anguita 等[42]设计了一套以 LED 作为光源、采用脉冲相位调制（PPM）的水下光通信系统，并在 2m 的水槽内进行测试，成功实现了数据传输，传输速率约为 100kbit/s。同年，牛津大学的 Minh 等[43]使用均衡技术实现了水下 100Mbit/s 的传输速率。

2011 年，海因里希・赫兹实验室的 Vučić 等[44]在使用三原色（RGB）型的白光 LED 的基础上，结合密集波分复用（WDM）等技术使水下光通信的速率达到了 803Mbit/s。

2013 年，美国耶鲁大学的 Doniec[45]设计了用于自治式潜水器（AUV）通信的光通信系统 AquaOptical II，该系统能够在 50m 的传输距离内实现 4Mbit/s 的通信速率。

2015 年，Nakamura 等[46]采用正交频分复用（OFDM）技术，利用 405nm 蓝光激光二极管（LD）配合强度调制/直接探测的方法实现了 4.8m 传输距离的 1.45Gbit/s 水下通信速率。

2015 年，Oubei 等[47]采用 TO-9 封装的 450nm 辫状 LD 和 16-QAM-OFDM 调制方式，实现了传输距离为 5.4m、通信速率为 4.8Gbit/s、误码率为 2.6×10^{-3}、信噪比为 15.63dB 的高速水下通信实验。

2016 年，Oubei 等[48]采用 450nm 蓝光 LD 配合 16-QAM-OFDM 调制方式实现了 6.6m 传输距离的 3.2Gbit/s 水下通信速率。

2016 年，Baghdady 等[49]利用 445nm 蓝光 LD 配合轨道角动量和空分复用的方式实现了 2.96m 传输距离的 3Gbit/s 水下通信速率。

2016 年，美国麻省理工学院林肯实验室的 Rao 等[25]采用光子计数接收方式实现了通信速率为 10.416Mbit/s、通信长度为 10m 的水槽实验。实验中采用了 517nm 和 470nm 两种波长。在水槽实验的发射端不断加入衰减片直至链路丢失，实验测得链路可以承受的最大链路损耗是 97.1dB，这在干净的大洋水中对于 517nm 波长而言等效于 148m 的通信链路，而对于 470nm 波长而言则等效于 450m 的通信链路。

2018 年，Al-Halafi 等[50]设计了一种可以实现水下双向通信和视频传输的系统。该系统的上行和下行链路的发射光源分别是波长为 450nm 的蓝色 LD 和波长为 520nm 绿色 LD，接收端探测器都采用雪崩光电二极管（APD），当通信距离为 4.5m 时，采用 16-QAM 和 64-QAM 方式的通信速率达到 30Mbit/s，在港口海水中的峰值信噪比高达 16dB。

2019 年，英国 Sonardyne 公司发布了一套使用可见光进行通信的 UWOC BlueComm 200 系统，实现了 10Mbit/s 速率时 150m 距离的传输；2021 年，该公司新发布的 BlueComm 200 UV 系统在紫外线光谱工作，不受人造光的影响，可以实现 75m 距离的传输[51]。

2020 年，Sun 等[52]验证了 UWOC 系统能够以数十吉比特每秒的速率或接近百米的距离运行，这为实现全球联网的水下物联网提供了可能性。

2020 年，Arvanitakis 等[53]使用 6 个 450nm LED 阵列作为发射光源，接收端探测器使用的是 PIN 型光电二极管，采用 OOK 调制方式，成功实现了通信速率为 4.92Gbit/s、3.22Gbit/s、3.4Gbit/s，通信距离为 1.5m、3m、4.5m，误码率为 1.5×10^{-3}、1.1×10^{-3}、3.1×10^{-3} 的水下通信实验。

2022 年，Kong 等[54]提出了一种扩散视距的 2K 实时数字视频水下监控系统，该系统采用 458nm LED 作为光源，视频流通过由视频编码和 OOK 调制组成的发射器电路进行处理，在 1.5m 纯水通道、1.53mL/s 气泡诱导的湍流纯水通道等多种通道中，实现了通信速率为 2.5Mbit/s、接收数据的误码率为 5.31×10^{-4} 的实时视频传输系统。

2023 年，Du[55]使用插值单载波频分复用（I-SC-FDM）格式和稀疏权重启动的深度神经网络（SWI-DNN）均衡器在 90m 距离下实现了速率为 660Mbit/s 的传输。

1.2.2 国内研究进展

我国从 20 世纪 80 年代末开始蓝绿光通信技术的研究。华中科技大学、中国海洋大学、桂林电子科技大学、西安电子科技大学、复旦大学、中国科学技术大学、海军工程大学等高校，以及中国科学院上海光学精密机械研究所（以下简称“中国科学院上海光机所”）、西安光学精密机械研究所（以下简称“中国科学院西安光机所”）等研究所都开展了相关的理论和实验研究。国内的相关系统性研究开展较晚，主要集中在信道的仿真、调制编码技术，以及水下通信实验研究等方面。

1998 年，青岛海洋大学（2002 年更名为中国海洋大学）的黄晓圣等[56]基于单片机研制出了水下无线光通信系统，该系统采用单片机进行控制，并进行了水槽实验，当通信距离为 3m 时，可以实现 19.2kbit/s 的全双工通信。2012 年，中国海洋大学的丛艳平等[57]总结了水下无线电、声学和光学 3 种通信模式的特点，提出了多模式自适应水下无线通信网络的概念，并给出了通信网络的框架结构。

1999 年，桂林电子工业学院（2006 年更名为桂林电子科技大学）的邹传云等[58]针对水下光信道的复杂性，基于水下广播式激光通信，采用了分集接收的自适应阵列信号增强处理方法，该方法被成功地应用于水槽实验，实现了 50m 距离的通信。2002 年，桂林电子工业学院的何宁等[59]根据海气界面模型，研究了海面上激光光斑的漂移及扩散。

2003 年，西安电子科技大学的章正宇等[60]推导出了在不同的通信距离、水质情况和探测条件下，激光在水下传输的脉冲展宽表达式，进行了 1m 和 20m 长度的水槽实验，并验证了表达式。

2006 年，中国科学院上海光机所的刘金涛等[61]根据设置的合理的通信系统参量和信道参量，研究星载激光与水下目标的下行通信的可行性，并分析了通信系统的误码率。结果表明，在较为恶劣的情况下，依然可以实现无线光通信。2007 年，中国科学院上海光机所的梁波等[62]对蓝绿光透过大气海洋信道的物理特性进行了分析，探讨了云层厚度对光束投影面积的影响，并仿真了激光脉冲经过不同深度海水后的光斑分布和脉冲形状。2013 年，中国科学院上海光机所的胡秀寒等[63]设计了一套基于数字信号处理机的水下光通信收发系统。2015 年，胡秀寒等[64]进行了云对激光下行传输影响的仿真研究，并于同年提出了水下激光通信系统最大通信距离的快速估计算法[65]。

2008 年，中国电子科技集团公司的崔准[66]分析了偏振光在水下传输的性能，研究结果表明，将偏振光作为通信载波可以降低系统的误码率。同年，中国科学院自动化研究所的罗琳锋[67]在 2m 长的水箱中实现了 125kbit/s 的通信速率。

2009 年，海军工程大学的周亚民等[68]基于小角度近似和散射相函数，推导出了激光在水下传输的时域波形的计算式，并将计算结果与唯象法结果、水池实验结果进行对比，对比结果证明了计算式的合理性。2011 年，海军工程大学的魏巍等[69]研究了激光在水下传输后的三维光场分布，给出了一种接收光功率的计算方法，并在 20m 长的水池中进行了实验，测试了在收发对准和偏离情况下接收的光功率。

2009 年，华中科技大学的 Zhan 等[70]研究了空中至水下传输时的空间展宽特性，发现光斑展宽范围与激光远场发散角、天气状况、水面风速、水深等有关。2012 年，华中科技大学的 Li 等[71]利用 MC 方法分别研究了在干净海水、沿岸水和港湾水 3 种不同条件下固定接收时接收能量和传输距离的关系，并分析了 3 种条件下可达到的 3dB 带宽。

2012 年，燕山大学信息科学与工程学院的李仅伟等[72]分别使用唯象法、小角度近似法和 MC 方法研究了激光在水下传输的脉冲展宽，并与实验结果进行了对比，结果发现，上述 3 种方法的模拟结果和实验结果吻合很好。

2013 年，中国科学院西安光机所的魏安海等[73]将 Fournier-Forand（FF）体积散射函数和 Henyey-Greenstein（HG）体积散射函数结合，提出先利用 FF 体积散射函数进行积分归一化的方法来确定 HG 体积散射函数中的不对称因子，再利用 HG 体积散射函数获得散射角的方法，最后与传统的水中光脉冲传输仿真模型进行了对比。

2016 年，Shen 等[74]利用 OOK 调制实现了 12m 传输距离下 2Gbit/s 速率和 20m 传输距离下 1.5Gbit/s 速率的水下通信。

2016 年，Ren 等[75]利用轨道角动量实现了 4Gbit/s 速率的水下通信。

2016 年，浙江大学的 Xu 等[76]利用 OFDM 技术实现了 2m 传输距离下 1.118Gbit/s 速率的水下通信。

2016 年，中国科学院西安光机所的韩彪等[77]基于光子计数通信方式，实现了 5.14dB 信噪比情况下 84.24 光子每比特的探测效率。

2017 年，复旦大学的 Liu 等[78]利用大带宽 Micro LED，实现了 0.6m 传输距离下 800Mbit/s 速率和 5.4m 传输距离下 400Mbit/s 速率的水下通信。

2017 年，浙江大学的 Kong 等[79]采用 WDM 技术实现了 10m 传输距离下 9.51Gbit/s 速率的水下通信。

2017 年，台湾大学的 Wu 等[80]利用 450nm 蓝光 LD 配合 OFDM 技术实现了 10m 传输距离下 12.4Gbit/s 速率的水下通信。

2017 年，复旦大学的 Liu 等[81]研发的水下激光通信系统在实验室的水槽中通过反射实现了 34.5m 传输距离、0.15Gbit/s 速率的通信实验，其实验水质的衰减系数为 0.44dB/m。该结果等效于 90.7m 传输距离的水下通信。

2018 年，浙江大学的 Shen 等[82]在 46m 长的白色聚氯乙烯（PVC）塑料水管中采用 PPM 实现了 10Mbit/s 速率的 LD 通信。

2018 年，中国科学院上海光机所的 Hu 等[83]研发的基于光子计数的高灵敏度通信系统在衰减系数约为 1.299dB/m 的水池中实现了 6.31×10^{-4} 误码率、120m 距离的高灵敏度水下激光通信。其链路总衰减为−136.8dB，实现了传输距离为 35.88 倍衰减长度的水下通信，该通信结果等价于 Jerlov IB 水质下 249.2m 距离的通信。其光子计数接收系统能实现 3.32bit/photon 的高灵敏度接收。

2019 年，Tian 等[84]通过实验分析了叶绿素、氢氧化铝镁和海盐浓度对光信号的衰减机制，为 UWOC 系统的实际应用提供了参考。

2020 年，清华大学的 Zhang 等[85]实现了基于蓝色 LD 的 2m 传输距离的双用户 UWOC 系统，通信速率达到 4.686Gbit/s。

2021 年，中国科学技术大学的 Tu 等[86]利用激光和 APD 搭建的 UWOC 系统实现了 1Gbit/s 速率时 130m 距离的传输。

2022 年，Fei 等[87]使用波长为 450nm 的激光二极管，采用 OOK 的调制方式，在实验室的水箱中实现了数据传输速率高达 3Gbit/s、通信距离可达 100.6m、误码率低至 4.2×10^{-5} 的水下通信。

2022 年，李碧丽等[88]设计了一种大功率水下激光发射系统装置，该系统的光源采用 532nm 绿光激光二极管，平均功率高达 2W。实验结果表明，使用大功率激光二极管时，通信距离可达 150m，通信速率可达 1.2Mbit/s，水下通信实验中的误码率为 3.5×10^{-4}。

2023 年，Hei 等[89]采用单光子计数模块来接收光子信号，实验通过建立符合实际系统的理论模型来分析误码率和统计光子计数，并在单光子水平上解调轨道角动量（OAM）状态，利用现场可编程门阵列（FPGA）编程实现信号处理。在 9m 长的水路上建立了两条 OAM 模式复用的水下无线光通信链路。使用 OOK 调制和两阶 PPM，在数据速率为 20Mbit/s 时实现了 1.26×10^{-3} 的误码率，在数据速率为 10Mbit/s 时实现了 3.17×10^{-4} 的误码率，低于 3.8×10^{-3} 的前向纠错（FEC）阈值。

目前国内外水下激光通信的研究进展表明，水下激光通信信道研究相对成熟，系统研制和实地通信已经成功实现，正逐步进入实际应用阶段。

参考文献

[1] MAY V, KÜHN O. Charge and energy transfer dynamics in molecular systems[M]. Weinheim: wiley-VCH, 2011.

[2] SEYBOLD J S. Introduction to RF propagation[M]. Hoboken: Wiley, 2005.

[3] WATSON J, JUEPTNER W. “Blue” photonics: optics in the sea[J]. Journal of the European Optical Society-Rapid Publications, 2010(5): 10012s.

[4] KERKER M. Physical optics of ocean water[J]. Journal of Colloid and Interface Science, 1988, 126(1): 386.

[5] MANDEL L, WOLF E. Optical coherence and quantum optics[M]. Cambridge: Cambridge University Press, 1995.

[6] APEL J R. Principles of ocean physics[M]. Pittsburgh: Academic Press, 1987.

[7] JACKSON J, FOX R. Classical electrodynamics: 3rd ed[J]. American Journal of Physics, 1999, 67: 841-842.

[8] LANZAGORTA M. Underwater communications[J]. Synthesis Lectures on Communications, 2012, 5(2): 1-129.

[9] CALLAHAM M. Submarine communications[J]. IEEE Communications Magazine, 1981, 19(6): 16-25.

[10] ISTEPANIAN R S H, STOJANOVIC M. Underwater acoustic digital signal processing and communication systems[M]. Boston: Springer US, 2002.

[11] KILFOYLE D B, BAGGEROER A B. The state of the art in underwater acoustic telemetry[J]. IEEE Journal of Oceanic Engineering, 2000, 25(1): 4-27.

[12] PELEKANAKIS C, STOJANOVIC M, FREITAG L. High rate acoustic link for underwater video transmission[C]//Proceedings of the Oceans 2003. Piscataway: IEEE Press, 2004: 1091-1097.

[13] XIAO Y. Underwater acoustic sensor networks[M]. New York: Auerbach Publications, 2010.

[14] XU L, XU T. Digital underwater acoustic communications[M]. Pittsburgh: Academic Press, 2016.

[15] URICK R J. Principles of underwater sound: 3rd ed[M]. New York: McGraw-Hill, 1983.

[16] LURTON X, JACKSON D R. An introduction to underwater acoustics[J]. The Journal of the Acoustical Society of America, 2004, 115(2): 443.

[17] DAUGHERTY R L, INGERSOLL A C. Fluid mechanics[M]. New York: McGraw-Hill, 1954.

[18] AKYILDIZ I F, POMPILI D, MELODIA T. Underwater acoustic sensor networks: research challenges[J]. Ad Hoc Networks, 2005, 3(3): 257-279.

[19] HASSAB J C. Underwater signal and data processing[M]. Boca Raton: CRC Press, 2018.

[20] PIERCE J R. An introduction to information theory: symbols, signals & noise: 2nd ed[M]. New York: Dover Publications, 1980.

[21] SULLIVAN S A. Experimental study of the absorption in distilled water, artificial sea water, and heavy water in the visible region of the spectrum[J]. Journal of the Optical Society of America, 1963, 53(8): 962-968.

[22] DUNTLEY S Q. Light in the sea[J]. Journal of the Optical Society of America, 1963, 53(2): 214-233.

[23] ARNON S. Optical wireless communication through random media[C]//Atmospheric and Oceanic Propagation of Electromagnetic Waves V. Washington: SPIE, 2011: 69-79.

[24] 胡思奇, 周田华, 陈卫标. 水下激光通信最大比合并分集接收性能分析及仿真[J]. 中国激光, 2016, 43(12): 1206003.

[25] RAO H G, DEVOE C E, FLETCHER A S, et al. A burst-mode photon counting receiver with automatic channel estimation and bit rate detection[C]//Proceedings of the Free-Space Laser Communication and Atmospheric Propagation XXVIII, SPIE Proceedings. Washington: SPIE, 2016.

[26] HU S Q, MI L, ZHOU T H, et al. Viterbi equalization for long-distance, high-speed underwater laser communication[J]. Optical Engineering, 2017, 56(7): 076101.

[27] ESTES L E, FAIN G, HARRIS J D. Laser beam propagation through the ocean's surface[C]//Proceedings of the OCEANS 96 MTS/IEEE Conference Proceedings. The Coastal Ocean—Prospects for the 21st Century. Piscataway: IEEE Press, 1996: 87-94.

[28] PUSCHELL J J, GIANNARIS R J, STOTTS L. The autonomous data optical relay experiment: first two way laser communication between an aircraft and submarine[C]//Proceedings of the NTC-92: National Telesystems Conference. Piscataway: IEEE Press, 2002.

[29] MULLEN L, LAUX A, COCHENOUR B. Time-dependent underwater optical propagation measurements using modulated light fields[C]//Proceedings of the Ocean Sensing and Monitoring, SPIE Proceedings. Washington: SPIE, 2009.

[30] MULLEN L, COCHENOUR B, LAUX A, et al. Optical modulation techniques for underwater detection, ranging and imaging[C]//Proceedings of the SPIE Proceedings, Ocean Sensing and Monitoring Ⅲ. Washington: SPIE, 2011.

[31] MULLEN L, LAUX A, COCHENOUR B. Propagation of modulated light in water: implications for imaging and communications systems[J]. Applied Optics, 2009, 48(14): 2607-2612.

[32] LAUX A, BILLMERS R, MULLEN L, et al. The a, b, c s of oceanographic lidar predictions: a significant step toward closing the loop between theory and experiment[J]. Journal of Modern Optics, 2002, 49(3/4): 439-451.

[33] SCHILL F, ZIMMER U R, TRUMPF J. Visible spectrum optical communication and distance sensing for underwater applications[C]//Proceedings of ACRA. Citeseer, 2004: 1-8.

[34] FARR N, CHAVE A D, FREITAG L, et al. Optical modem technology for seafloor observatories[C]//Proceedings of the OCEANS. Piscataway: IEEE Press, 2006: 1-6.

[35] PONTBRIAND C, FARR N, WARE J, et al. Diffuse high-bandwidth optical communications[C]//Proceedings of the OCEANS. Piscataway: IEEE Press, 2008: 1-4.

[36] FARR N E, WARE J D, PONTBRIAND C T, et al. Demonstration of wireless data harvesting from a subsea node using a “ship of opportunity”[C]//Proceedings of the 2013 OCEANS—San Diego. Piscataway: IEEE Press, 2013: 1-5.

[37] FARR N, WARE J, PONTBRIAND C, et al. Optical communication system expands CORK seafloor observatory’s bandwidth[C]//Proceedings of the OCEANS 2010 MTS/IEEE SEATTLE. Piscataway: IEEE Press, 2010: 1-6.

[38] DETWEILLER C, VASILESCU I, RUS D. An underwater sensor network with dual communications, sensing, and mobility[C]//Proceedings of the OCEANS 2007—Europe. Piscataway: IEEE Press, 2007: 1-6.

[39] HANSON F, RADIC S. High bandwidth underwater optical communication[J]. Applied Optics, 2008, 47(2): 277-283.

[40] DONIEC M, VASILESCU I, CHITRE M, et al. AquaOptical: a lightweight device for high-rate long-range underwater point-to-point communication[C]//Proceedings of the OCEANS. Piscataway: IEEE Press, 2009: 1-6.

[41] BAIDEN G, BISSIRI Y, MASOTI A. Paving the way for a future underwater omni-directional wireless optical communication systems[J]. Ocean Engineering, 2009, 36(9/10): 633-640.

[42] ANGUITA D, BRIZZOLARA D, PARODI G. Building an underwater wireless sensor network based on optical: communication: research challenges and current results[C]//Proceedings of the 2009 Third International Conference on Sensor Technologies and Applications. Piscataway: IEEE Press, 2009: 476-479.

[43] MINH H L, O’BRIEN D, FAULKNER G, et al. 100-Mb/s NRZ visible light communications using a postequalized white LED[J]. IEEE Photonics Technology Letters, 2009, 21(15): 1063-1065.

[44] VUČIĆ J, KOTTKE C, HABEL K, et al. 803 Mbit/s visible light WDM link based on DMT modulation of a single RGB LED luminary[C]//Proceedings of the 2011 Optical Fiber Com-

munication Conference and Exposition and the National Fiber Optic Engineers Conference. Piscataway: IEEE Press, 2011: 1-3.

[45] DONIEC M W. Autonomous underwater data muling using wireless optical communication and agile AUV control[J]. Massachusetts Institute of Technology, 2013.

[46] NAKAMURA K, MIZUKOSHI I, HANAWA M. Optical wireless transmission of 405 nm, 1.45 Gbit/s optical IM/DD-OFDM signals through a 4.8 m underwater channel[J]. Optics Express, 2015, 23(2): 1558-1566.

[47] OUBEI H M, DURAN J R, JANJUA B, et al. 4.8 Gbit/s 16-QAM-OFDM transmission based on compact 450-nm laser for underwater wireless optical communication[J]. Optics Express, 2015, 23(18): 23302-23309.

[48] OUBEI H M, DURÁN J R, JANJUA B, et al. Wireless optical transmission of 450 nm, 3.2 Gbit/s 16-QAM-OFDM signals over 6.6 m underwater channel[C]//Proceedings of the 2016 Conference on Lasers and Electro-Optics (CLEO). Piscataway: IEEE Press, 2016: 1-2.

[49] BAGHDADY J, MILLER K, MORGAN K, et al. Multi-gigabit/s underwater optical communication link using orbital angular momentum multiplexing[J]. Optics Express, 2016, 24(9): 9794-9805.

[50] AL-HALAFI A, SHIHADA B. UHD video transmission over bidirectional underwater wireless optical communication[J]. IEEE Photonics Journal, 2018, 10(2): 7902914.

[51] Sonardyne. BlueComm 200 UV-optional communications system[EB]. 2024.

[52] SUN X B, KANG C H, KONG M W, et al. A review on practical considerations and solutions in underwater wireless optical communication[J]. Journal of Lightwave Technology, 2020, 38(2): 421-431.

[53] ARVANITAKIS G N, BIAN R, MCKENDRY J J D, et al. Gb/s underwater wireless optical communications using series-connected GaN micro-LED arrays[J]. IEEE Photonics Journal, 2020, 12(2): 7901210.

[54] KONG M W, GUO Y J, ALKHAZRAGI O, et al. Real-time optical-wireless video surveillance system for high visual-fidelity underwater monitoring[J]. IEEE Photonics Journal, 2022, 14(2): 7315609.

[55] DU Z H, GE W M, CAI C Y, et al. 90-m/660-Mbps underwater wireless optical communication enabled by interleaved single-carrier FDM scheme combined with sparse weight-initiated DNN equalizer[J]. Journal of Lightwave Technology, 2023, 41(16): 5310-5320.

[56] 黄晓圣，王汝霖，徐仁声，等. 水下激光通讯发射接收系统[J]. 青岛海洋大学学报(自然科学版), 1998(4): 651-656.

[57] 从艳平，魏志强，杨光，等. 多模式自适应水下无线通信网络框架研究[J]. 中国海洋大学学报(自然科学版), 2012, 42(5): 115-119.

[58] 邹传云，敖发良，黄香馥. 水下激光通信中分集多路信号的自适应增强[J]. 电讯技术,

1999, 39(4): 34-38.
[59] 何宁，李海玲，张德琨，等. 水下激光通信中信号的分集接收[J]. 激光与红外，2002, 32(4): 228-229.
[60] 章正宇，周寿桓，眭晓林. 激光脉冲水中传输时域展宽特性的分析计算[J]. 光学学报，2003, 23(7): 850-854.
[61] 刘金涛，陈卫标. 星载激光对水下目标通信可行性研究[J]. 光学学报，2006, 26(10): 1441-1446.
[62] 梁波，朱海，陈卫标. 大气到海洋激光通信信道仿真[J]. 光学学报，2007, 27(7): 1166-1172.
[63] 胡秀寒，周田华，贺岩，等. 基于数字信号处理机的水下光通信收发系统设计及分析[J]. 中国激光, 2013, 40(3): 123-129.
[64] 胡秀寒，周田华，朱小磊，等. 云对激光下行传输影响的仿真研究[J]. 红外，2015, 36(2): 8-12, 24.
[65] 胡秀寒，胡思奇，周田华，等. 水下激光通信系统最大通信距离的快速估计[J]. 中国激光，2015, 42(8): 175-183.
[66] 崔准. 水下激光通信中偏振技术研究[J]. 遥测遥控, 2008, 29(6): 63-67.
[67] 罗琳锋. 水下无线传感器网络光通信设计与研究[D]. 北京: 中国科学院自动化研究所, 2008.
[68] 周亚民，刘启忠，张晓晖，等. 一种激光脉冲水下传输时域展宽模拟计算方法[J]. 中国激光, 2009, 36(1): 143-147.
[69] 魏巍，张晓晖，饶炯辉，等. 水下无线光通信接收光功率的计算研究[J]. 中国激光，2011, 38(9): 97-102.
[70] ZHAN E Q, WANG H Y. Research on spatial spreading effect of blue-green laser propagation through seawater and atmosphere[C]//Proceedings of the 2009 International Conference on E-Business and Information System Security. Piscataway: IEEE Press, 2009: 1-4.
[71] LI J, MA Y, ZHOU Q Q, et al. Channel capacity study of underwater wireless optical communications links based on Monte Carlo simulation[J]. Journal of Optics, 2012, 14(1): 402-407.
[72] 李仪伟，毕卫红，任炎辉. 水下激光通信中脉冲时域展宽的模拟计算方法[J]. 光学技术，2012, 38(5): 569-572.
[73] 魏安海，赵卫，韩彪，等. 基于 Fournier-Forand 和 Henyey-Greenstein 体积散射函数的水中光脉冲传输仿真分析[J]. 光学学报, 2013, 33(6):16-21.
[74] SHEN C, GUO Y J, OUBEI H M, et al. 20-meter underwater wireless optical communication link with 15 Gbps data rate[J]. Optics Express, 2016, 24(22): 25502.
[75] REN Y X, LI L, WANG Z, et al. Orbital angular momentum-based space division multiplexing for high-capacity underwater optical communications[J]. Scientific Reports, 2016, 6: 33306.
[76] XU J, LIN A B, YU X Y, et al. Underwater laser communication using an OFDM-modulated

520-nm laser diode[J]. IEEE Photonics Technology Letters, 2016, 28(20): 2133-2136.

[77] 韩彪, 赵卫, 汪伟, 等. 面向水下应用的改进型光子计数通信方法[J]. 光学学报, 2016, 36(8): 44-48.

[78] LIU X Y, TIAN P F, WEI Z X, et al. Gbps long-distance real-time visible light communications using a high-bandwidth GaN-based micro-LED[J]. IEEE Photonics Journal, 2017, 9(6): 7204909.

[79] KONG M W, LV W C, ALI T, et al. 10-m 9.51-Gb/s RGB laser diodes-based WDM underwater wireless optical communication[J]. Optics Express, 2017, 25(17): 20829-20834.

[80] WU T C, CHI Y C, WANG H Y, et al. Blue laser diode enables underwater communication at 12.4 Gbps[J]. Scientific Reports, 2017, 7: 40480.

[81] LIU X Y, YI S Y, ZHOU X L, et al. 34.5 m underwater optical wireless communication with 2.70 Gbps data rate based on a green laser diode with NRZ-OOK modulation[J]. Optics Express, 2017, 25(22): 27937-27947.

[82] SHEN J N, WANG J L, CHEN X, et al. Towards power-efficient long-reach underwater wireless optical communication using a multi-pixel photon counter[J]. Optics Express, 2018, 26(18): 23565-23571.

[83] HU S Q, MI L, ZHOU T H, et al. 35.88 attenuation lengths and 3.32 bits/photon underwater optical wireless communication based on photon-counting receiver with 256-PPM[J]. Optics Express, 2018, 26(17): 21685-21699.

[84] TIAN P F, CHEN H L, WANG P Y, et al. Absorption and scattering effects of Maalox, chlorophyll, and sea salt on a micro-LED-based underwater wireless optical communication[J]. Chinese Optics Letters, 2019, 17(10): 61-68.

[85] ZHANG L, WANG Z M, WEI Z X, et al. High-speed multi-user underwater wireless optical communication system based on NOMA scheme[C]//Proceedings of the 2020 Conference on Lasers and Electro-Optics Pacific Rim (CLEO-PR). Piscataway: IEEE Press, 2020: 1-2.

[86] TU C P, LIU W J, JIANG W L, et al. First demonstration of 1Gb/s PAM4 signal transmission over a 130m underwater optical wireless communication channel with digital equalization[C]//Proceedings of the 2021 IEEE/CIC International Conference on Communications in China (ICCC). Piscataway: IEEE Press, 2021: 853-857.

[87] FEI C, WANG Y, DU J, et al. 100-m/3-Gbps underwater wireless optical transmission using a wideband photomultiplier tube (PMT)[J]. Optics Express, 2022, 30(2): 2326-2337.

[88] 李碧丽, 贺锋涛, 朱云周, 等. 大功率水下激光通信发射系统研究[J]. 自动化与仪器仪表, 2022(2): 30-32, 47.

[89] HEI X B, ZHU Q M, GAI L, et al. Photon-counting-based underwater wireless optical communication employing orbital angular momentum multiplexing[J]. Optics Express, 2023, 31(12): 19990-20004.

第 2 章 激光的海洋传输特性

海水是一种极其复杂、不稳定的传输介质，是一种集合了物理、化学、生物等多门学科的综合研究体。海水中含有的各种离子、微量元素、有机物、浮游植物以及悬浮颗粒等成分，会在光的传输过程中产生剧烈的吸收和散射等光学现象[1]，因此，信号经过海水信道的传输，在接收端误码率会大大增加，严重时甚至会造成通信失败，即使采用纠错码，仍需要较高的信噪比，故对海洋信道的研究是非常必要的。为了研究海洋信道的特性，人们采取了多种研究方法。例如，利用小角度近似法计算米氏散射传输的近似解析解[2]，采用唯象理论建立光在海水中传输时的能量辐射模型，以及被广大研究者所热衷的利用计算机模拟光粒子随机分布的 MC 方法等[3-4]。本章主要对激光的海洋传输特性进行阐述。

2.1 海水的组成及其一般传输特性

海水的主要组成成分有水分子、无机盐、黄色物质（溶解有机物）、浮游植物（叶绿素）和悬浮颗粒等。它们的吸收和散射作用是影响水下光传输的主要因素[5]，海水各部分对光的吸收与散射特性如表 2-1 所示[1]。

表 2-1 海水各部分对光的吸收和散射特性

海水包含的成分	吸收特性	散射特性
水分子（海水主体）	与波长密切相关且蓝绿光波段吸收最小	瑞利散射

续表

海水包含的成分	吸收特性	散射特性
无机盐	影响小至可以忽略不计	温度梯度造成小角度的散射，可以忽略不计
黄色物质	随波长单调递减，在短波部分剧烈衰减，在长波部分衰减平缓	影响小至可以忽略不计
浮游植物	与波长有关且受叶绿素浓度影响较大，因此可变性较大	与叶绿素浓度正相关
悬浮颗粒	与黄色物质类似，吸收系数整体较小，在短波处略有增大	受水质与波长影响较大

由于海水中存在“蓝绿光”低损耗窗口，因此水下可见光通信得以快速发展。然而，海水组成成分的复杂性、不确定性，导致在水下传输的光产生了各种损耗，且这种损耗无法用一个固定而准确的模型来模拟，但整体上仍服从类似光在大气中传输时的指数型衰减规律，即

$$I(L) = I_0 \exp(-\sigma(\lambda)L) \tag{2-1}$$

其中，L 是光在水中的传输距离（单位为 m），I_0 是光的初始强度，$I(L)$ 为光传输了距离 L 后的光强（单位为 cd/m^2），$\sigma(\lambda)$ 是与波长相关的衰减因子，主要分为吸收衰减和散射衰减两部分，即

$$\sigma(\lambda) = \alpha(\lambda) + \beta(\lambda) \tag{2-2}$$

其中，$\alpha(\lambda)$ 与 $\beta(\lambda)$ 分别表示海水中的吸收系数和散射系数，它们也都与光的波长密切相关。

由于构成海水的各部分对光信号传输的影响极大，且不同成分对光的散射、折射、反射的影响程度也大不相同，因此，海洋信道研究势在必行。但是，不同海水的水质相差极大，如近海与深海中的海水水质就大不相同，这给海洋信道的研究带来了极大的麻烦；同时，海洋湍流以及各种不确定性因素太多，导致无法给出一个统一的理论模型来描述光在海水中的传输特性。

2.2 水下光传输的光学特性

基于水的透明度，Jerlov 最初将水质分为 3 种不同的海洋类型（I、II和III）和 5

种沿海类型（1C、3C、5C、7C 和 9C）；后来，又进一步在I类水质的基础上，增加了两个细分类型——IA 和 IB[6]。其中，I类水体即大洋水体，海水较为清澈，衰减系数最小；III类水体即沿岸水体，海水较为浑浊，衰减系数最大；II类水体介于大洋水体和沿岸水体之间。

海水的光学性质可以分为两种：内在光学性质（IOP）[7]和外在光学性质（AOP）[8]。其中，内在光学性质只与水体成分有关，不会随光照条件的变化而变化；外在光学性质不仅与传输介质本身有关，还与光场的几何结构有关，主要包括辐亮度、辐照度和反射率。

内在光学性质主要包括海水的吸收系数 a 、散射系数 b 、体积散射系数 $\beta(\theta)$ 和衰减系数 c 等，其中，衰减系数 $c=a+b$ ；同时，定义单次反照率 ω [9]。它们的具体定义如下。

（1）吸收系数 a（单位为 m^{-1}）：单色准直光在海水介质中传输，传输路程为 $\mathrm{d}r$ 时，介质吸收引起的辐射通量损失为 $\mathrm{d}\Phi$ ，则有

$$\mathrm{d}\Phi=-a\Phi\mathrm{d}r \tag{2-3}$$

其中，比例系数 a 为海水的吸收系数，Φ 为辐射通量。

（2）散射系数 b（单位为 m^{-1}）：单色准直光在海水介质中传输，传输路程为 $\mathrm{d}r$ 时，介质散射引起的辐射通量损失为 $\mathrm{d}W$ ，则有

$$\mathrm{d}W=-bW\mathrm{d}r \tag{2-4}$$

其中，比例系数 b 为海水的散射系数，W 为辐射通量。

（3）衰减系数 c（单位为 m^{-1}）：单色准直光在海水中传输时，辐射能量呈指数衰减，有

$$L(r)=L(0)\exp(-cr) \tag{2-5}$$

其中，比例系数 c 即海水的衰减系数，r 为光的传输距离。$L(0)$为坐标 0 点沿 r 方向的辐亮度，$L(r)$为路径 r 处沿 r 方向的辐亮度。当通过路程 $r=l$ 且 $cl=1$ 时，辐亮度衰减到原来的 1/e，则称此路程 l 为海水的衰减长度（单位为 m），这时 $L(r)$为 $L(0)$的 1/e。

（4）体积散射系数 $\beta(\theta)$（单位为 $\mathrm{m}^{-1}\mathrm{sr}^{-1}$）：在 θ 方向单位散射体积、单位立体角内散射强度 $I(\theta)$与入射在散射体积上的辐照度 E 之比，即

$$\beta(\theta)=\frac{\mathrm{d}I(\theta)}{E\mathrm{d}V} \tag{2-6}$$

其中，$\mathrm{d}I(\theta)$ 为 θ 方向的散射强度，$\mathrm{d}V$ 为散射体积元。散射系数 b 是全方位上全部散射系数的叠加，其在数学上是体积散射系数 $\beta(\theta)$ 在整个立体角范围的积分，两者的关系为

$$b=\int_0^{4\pi}\beta(\theta)\mathrm{d}\Omega=2\pi\int_0^{\pi}\beta(\theta)\sin(\theta)\mathrm{d}\theta \tag{2-7}$$

（5）单次反照率 ω：总衰减中散射系数和衰减系数的比值，即

$$\omega=b/c \tag{2-8}$$

2.3 光在海水中的衰减

光在海水中的衰减主要是海水中各组成成分对光的吸收和散射作用造成的[5]，下面简要介绍海水中各组成成分对光的吸收和散射特性。

纯海水是海洋的主体部分，主要由水分子构成，而水分子的细微尺寸也直接导致了自己对光的吸收作用在可见光范围内较弱，此时接近光在纯水中的吸收效果。依据实验所得数据可以发现，在可见光范围内，蓝绿光波段（450～580nm）的吸收作用最弱，平均吸收系数约为 $0.04\mathrm{m}^{-1}$。此外，光在纯水中的散射属于瑞利散射，因为水分子的直径远小于光波长，故散射系数与波长的四次方成反比，波长越长，散射系数越小，在 480nm 之后趋于平缓，散射系数趋于 0。

溶解有机物主要由海洋中的动植物等有机物分解而成，并使海水呈黄褐色，因此又称黄色物质[10]。由表 2-1 可知，黄色物质对光的散射几乎可以忽略，它的吸收特性是影响光传输的主要因素。经实验得知，黄色物质在可见光及紫外光区域的吸收作用较为强烈，其中紫外光区域尤为强烈，而当波长趋于红外光区域时，吸收系数则趋于 0。在 200～800nm 波长范围内，黄色物质对光的吸收系数相对波长呈指数衰减，波长大于 470nm（蓝绿光波段）时，吸收系数较小[1]。

浮游植物对光波的衰减主要是因为其含有的叶绿素对可见光具有较强的吸收和

散射特性。其中，浮游植物的吸收特性源于叶绿素自身的光合作用，而进行光合作用的色素中，叶绿素 a 相比其他部分（如叶绿素 b、叶绿素 c 和胡萝卜素等）更容易吸收可见光波[1,11]。由于构成叶绿素的颗粒是一个个微小球体，其直径与波长大致相当，故它对光波的散射服从米氏散射。浮游植物的散射除了与光的波长有关，还和自身浓度有关。经研究，其散射系数与波长成反比，而与浓度正相关。

海洋中的悬浮颗粒主要包括直径小于 2mm 的悬浮的沙砾、矿物微粒、死亡的有机物等，光波在其中的衰减主要受波长的影响，波长越长，衰减越小[1]。悬浮颗粒的吸收特性与溶解有机物类似，吸收系数与悬浮颗粒的浓度无关而与光的波长密切相关，且悬浮颗粒一般多出现在浅海浑浊水域的表层水面，通常在不超过水面下 20m 的深度。实验发现，悬浮颗粒的散射系数与自身浓度有关，浓度越小，散射系数越小；此外，其还和光的波长成正比[12]。

2.4 水下光信道的研究方法

目前对水下光传输的研究主要集中在光信道特性、水下光通信系统设计与实现等方面。水下光信道的主要研究方法包括海洋光学实地测量、辐射传输方程计算解析法和 MC 方法。下面依次介绍这 3 种研究方法。

2.4.1 海洋光学实地测量

纯水对光信号的衰减属于水本身的一种基本效应。1939—1974 年，Clarke、James、Sullivan 和 Morel 完成了透过率系数和衰减系数实测，并推导了纯水的理论散射系数，具体参数如表 2-2 所示。这些实测结果可以作为纯水衰减机理的证据，结果表明，蓝光具有最强的穿透性，而红光衰减最强，波长从 580nm 到 600nm，透过率系数显著下降。通过衰减系数与散射系数的比较，证明衰减系数主要源于吸收效应。由于选择性吸收，水实质上相当于一个吸收最大值出现在 750～760nm 的蓝光单色仪[13]。1967 年，Drummeter 和 Knestrick 在 470nm、515nm 和 550nm 附近发现了 3 个明显可分辨而且极窄的吸收带。515nm 附近的吸收带是在 Clarke 和 James 的实测结果中展现出来的[14]。从 Matlack 完成的 385～555nm 的现场光谱观测结果中可以看出，在 520nm 附近存在一个较弱的吸收带[15]。

表 2-2　透过率系数、衰减系数和纯水的理论散射系数

波长/nm	透过率系数/$10^{-2}m^{-1}$		衰减系数/$10^{-3}m^{-1}$		散射系数/$10^{-3}m^{-1}$
	1	2	1	2	3
375	95.6	—	45	—	7.68
400	95.8	—	43	—	5.81
425	96.8	—	33	—	4.47
450	98.1	—	19	—	3.49
475	98.2	—	18	—	2.76
500	96.5	—	36	—	2.22
525	96.0	—	41	—	1.79
550	93.3	—	69	—	1.49
575	91.3	89.7（580nm）	91	109（580nm）	1.25
600	83.3	75.2	186	272	1.09
625	79.6	73.7	228	305	—
650	75.0	70.4	288	351	—
675	69.3	64.5	367	438	—
700	60.7	52.3	500	648	—
725	29	17	1240	1750	—
750	9	7	2400	2680	—
775	9	7	2400	2630	—
800	18	—	2050	—	—

注：“1”表示 Clarke 和 James（1939 年）测得的数据，“2”表示 Sullivan（1963 年）测得的数据，“3”表示 Morel（1974 年）测得的数据。

1959 年，Jerlov 等[16]开展了太阳光蓝光在海水不同深度的穿透性能测试。

1962 年，Jackson 等[17]给出了纯水分子吸收影响下的光谱衰减曲线，如图 2-1 所示。结果表明，纯水的最小吸收波段为 460～480nm 的蓝绿光波段。

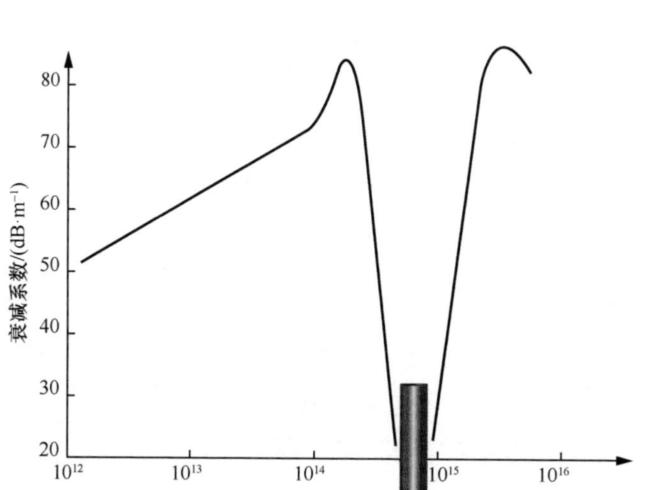

图 2-1　纯水分子吸收影响下的光谱衰减曲线

1972—1974 年，美国海军航空研究中心在大巴哈马海沟、加利福尼亚州南部海岸和圣地亚哥海港等地开展了大量实地研究，测量了多种海水的体散射函数及其他内在光学性质，并给出了各个角度上的散射光强度[15,18]。

1976 年，Jerlov 等[19]借助高太阳高度时的下行辐照度，提出了一套对大洋水进行分类的方案，用于区别不同类型的水。根据实测数据，按照海水的吸收、散射特性将水质划分为 Jerlov I、Jerlov IA、Jerlov IB、Jerlov IC、Jerlov II、Jerlov III、Jerlov 3C、Jerlov 5C、Jerlov 7C、Jerlov 9C 10 类。

2007 年，Morel 等[20]在复活节岛西部的水域进行实验，记录水面和水下的上行和下行辐照度，光谱范围为 300～600nm，并基于此给出了“最干净”水域的光学特性，包括水的吸收系数、悬浮颗粒吸收系数、黄色物质的吸收系数、单次反照率、后向散射率等参数。同年，Freda 等[21]利用俄罗斯科学院海洋水文物理研究所研制的散射测量仪在波罗的海南部进行了实地测量，并根据测量结果对 Fournier-Forand（FF）体积散射函数进行了修正。

海水中的悬浮颗粒、浮游植物和溶解有机物对光信道的散射有强烈的影响。2008 年，Lacovara[22]给出了在悬浮颗粒、浮游植物和溶解有机物影响下的光谱衰减曲线，如图 2-2 所示。总体来说，这些物质在蓝绿光波段造成的散射最小。

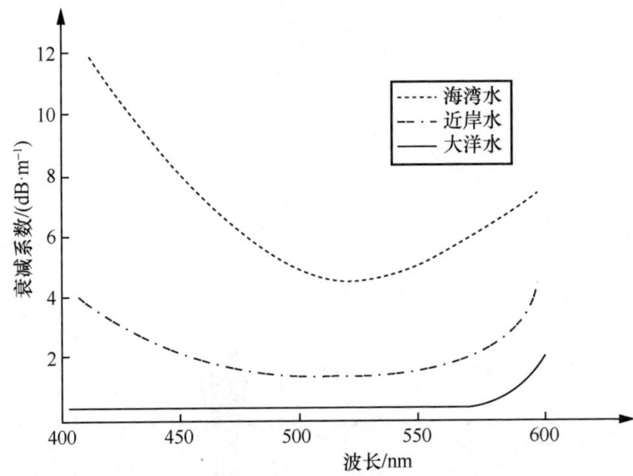

图 2-2　悬浮颗粒、浮游植物和溶解有机物影响下的光谱衰减曲线

2015 年，Solonenko 等[23]汇总了 300～700nm 波段的 Jerlov I、Jerlov IA、Jerlov IB、Jerlov II、Jerlov III、Jerlov IC、Jerlov 3C、Jerlov 5C、Jerlov 7C 和 Jerlov 9C 水质参数，具体参数如表 2-3、表 2-4 和表 2-5 所示。其中，*a* 表示吸收系数，*b* 表示散射系数。通过查阅 Solonenko 等汇总的水质详细信息，可以方便科研人员在进行海水信道 Monte Carlo 仿真时，准确地使用各个波段在不同水质下的参数。

表 2-3　Jerlov I、Jerlov IA、Jerlov IB 和 Jerlov II 水质参数

λ/nm	Jerlov I		Jerlov IA		Jerlov IB		Jerlov II	
	a/m^{-1}	b/m^{-1}	a/m^{-1}	b/m^{-1}	a/m^{-1}	b/m^{-1}	a/m^{-1}	b/m^{-1}
300	0.163	2.08×10^{-2}	0.221	2.55×10^{-2}	0.273	0.125	0.343	1.014
310	0.134	1.81×10^{-2}	0.181	2.26×10^{-2}	0.221	0.118	0.273	0.957
350	0.048	1.08×10^{-2}	0.0673	1.45×10^{-2}	0.0810	0.0968	0.095	0.776
375	0.030	8.11×10^{-3}	0.0413	1.14×10^{-2}	0.0481	0.0872	0.0540	0.689
400	0.022	6.20×10^{-3}	0.0295	9.20×10^{-3}	0.0331	0.0795	0.0355	0.616
425	0.017	4.82×10^{-3}	0.0225	7.55×10^{-3}	0.0246	0.0732	0.0257	0.555
450	0.018	3.81×10^{-3}	0.0221	6.31×10^{-3}	0.0235	0.0680	0.0241	0.504
475	0.019	3.06×10^{-3}	0.0216	5.36×10^{-3}	0.0225	0.0635	0.0228	0.459
500	0.026	2.49×10^{-3}	0.0282	4.61×10^{-3}	0.0287	0.0597	0.0288	0.421
525	0.046	2.05×10^{-3}	0.0468	4.02×10^{-3}	0.0469	0.0565	0.0469	0.387

续表

λ/nm	Jerlov I		Jerlov IA		Jerlov IB		Jerlov II	
	a/m^{-1}	b/m^{-1}	a/m^{-1}	b/m^{-1}	a/m^{-1}	b/m^{-1}	a/m^{-1}	b/m^{-1}
550	0.062	1.70×10^{-3}	0.0622	3.54×10^{-3}	0.0623	0.0536	0.0622	0.358
575	0.082	1.43×10^{-3}	0.0821	3.15×10^{-3}	0.0822	0.0511	0.0821	0.332
600	0.228	1.22×10^{-3}	0.228	2.83×10^{-3}	0.2278	0.0488	0.228	0.309
625	0.295	1.04×10^{-3}	0.295	2.56×10^{-3}	0.296	0.0468	0.296	0.288
650	0.334	8.99×10^{-4}	0.334	2.34×10^{-3}	0.334	0.0450	0.334	0.270
675	0.434	7.82×10^{-4}	0.435	2.14×10^{-3}	0.435	0.0434	0.436	0.253
700	0.582	6.85×10^{-4}	0.582	1.98×10^{-3}	0.582	0.0420	0.582	0.238

表 2-4　Jerlov III、Jerlov IC、Jerlov 3C 和 Jerlov 5C 水质参数

λ/nm	Jerlov III		Jerlov IC		Jerlov 3C		Jerlov 5C	
	a/m^{-1}	b/m^{-1}	a/m^{-1}	b/m^{-1}	a/m^{-1}	b/m^{-1}	a/m^{-1}	b/m^{-1}
300	0.568	2.76	2.686	1.037	4.733	3.00	5.36	3.73
310	0.452	2.61	2.083	0.979	3.668	2.83	4.34	3.53
350	0.164	2.12	0.721	0.793	1.287	2.30	1.78	2.87
375	0.094	1.88	0.386	0.704	0.685	2.04	1.05	2.55
400	0.0615	1.69	0.227	0.630	0.388	1.83	0.660	2.28
425	0.0449	1.52	0.147	0.567	0.236	1.65	0.437	2.06
450	0.0388	1.38	0.105	0.514	0.154	1.50	0.297	1.87
475	0.0335	1.26	0.077	0.469	0.105	1.36	0.204	1.71
500	0.0358	1.152	0.064	0.429	0.081	1.25	0.151	1.56
525	0.0507	1.06	0.068	0.395	0.078	1.15	0.127	1.44
550	0.0646	0.980	0.076	0.365	0.082	1.06	0.117	1.33
575	0.0838	0.908	0.092	0.338	0.095	0.985	0.119	1.23
600	0.229	0.845	0.236	0.314	0.239	0.916	5.36	3.73
625	0.297	0.788	0.304	0.293	0.307	0.855	4.34	3.53
650	0.336	0.737	0.344	0.274	0.346	0.800	1.78	2.87
675	0.439	0.692	0.455	0.257	4.733	3.00	1.05	2.55
700	0.583	0.650	0.586	0.242	3.668	2.83	0.660	2.28

表 2-5　Jerlov 7C 和 Jerlov 9C 水质参数

λ/nm	Jerlov 7C		Jerlov 9C	
	a/m^{-1}	b/m^{-1}	a/m^{-1}	b/m^{-1}
300	5.11	6.56	5.466	8.76
310	4.40	6.20	4.900	8.28
350	2.17	5.04	2.856	6.73
375	1.45	4.49	2.103	5.99
400	1.03	4.02	1.613	5.36
425	0.753	3.63	1.242	4.84
450	0.542	3.30	0.943	4.39
475	0.388	3.01	0.709	4.01
500	0.290	2.76	0.543	3.67
525	0.233	2.54	0.430	3.38
550	0.195	2.35	0.348	3.12
575	0.175	2.18	0.291	2.89
600	0.301	2.03	0.390	2.69
625	0.367	1.89	0.436	2.51
650	0.403	1.77	0.456	2.35
675	0.559	1.66	0.604	2.20
700	0.621	1.56	0.651	2.07

2.4.2　辐射传输方程计算解析法

光辐射在介质中传输的分析方法一般基于辐射传输方程实现，大多数大气和海洋科学的光辐照或光辐射的传输问题都采用辐射传输方程作为研究的手段。Preisendorfer、Measures、Stamnes 分别基于麦克斯韦方程，对吸收、散射和辐射过程的量子力学描述，以及玻尔兹曼方程，推导出辐射传输方程[23]。Mobley 等[24]将单色光的辐射传输方程表示为几何深度 z 和体散射函数 β 的形式

$$\mu\frac{\mathrm{d}L\left(z;\hat{\xi};\lambda\right)}{\mathrm{d}z}=-c\left(z;\lambda\right)L\left(z;\hat{\xi};\lambda\right)+\int_{\Xi}L\left(z;\hat{\xi}';\lambda\right)\beta\left(z;\hat{\xi}'\rightarrow\hat{\xi};\lambda\right)\mathrm{d}\Omega\left(\hat{\xi}'\right)+S\left(z;\hat{\xi};\lambda\right) \tag{2-9}$$

研究人员花费了大量精力研究如何在内在光学性质、源函数和自然水体中发现的近似边界条件下，求解辐射传输方程的解析解和数值解，目的是了解天然水域中的辐射传输过程。其中，在小空间发散角的假设下，可以用菲涅耳近似来简化方程求解。

1972 年，Arnush[2]研究了 Mie 粒子散射环境中光辐射传输的问题，在小角度散射假设下，得到海水中光场传输的近似解析解。1976 年，Karp[25]采用 Arnush 的解，进行了上下行卫星对水下平台通信系统接收光能量的解析计算。1978 年，Lutomirski[26]用格林（Green）函数求解光辐射传输方程，描述了光场在海水中的传输过程，提出了 Lutomirski 光束传输模型，这个模型给出了深度与辐射空间分布的关系。1978 年，Stotts[27]基于小角度近似的均值偏移，利用光束经过散射介质与不经过散射介质的时间差，给出了激光多径散射时间展宽的闭合形式的表达式。1990 年，Schippnick[28]建立了海水中光束传输的唯象理论，把光场分成准直部分和非准直部分，得到了水下光场辐射能量分布的计算式。1994 年，Hulst 等[29]对在均匀同质的多次小角度散射介质中传输的脉冲的准直光进行了分析，得到了严格的时域和空域分布。1995 年，Lutomirski 等[30]利用解析方法，研究了激光在多次散射介质中传输后的统计特性，详细推导出了不同碰撞次数的角度和时域的均值和方差。2008 年，Jaruwatanadilok[31]基于辐射传输理论，利用冲激响应仿真了光到达接收半径的时间分布，并讨论了传输距离、视场角对误码率和传输距离的影响。2010 年，Kopilevich 等[32]利用小角度近似分析了前向散射系数对激光光斑的影响。2011 年，Gabriel 等[33]利用辐射传输理论研究了不同传输距离和衰减系数下接收到的光能量，并分析了接收半径对通信距离的影响。2012 年，Tang 等[34]基于小角度近似和光斑扩展函数，模拟了不同水质条件下，满足特定误码率要求时，发射光功率、链路距离以及收发对准偏差之间的关系。

上述模型经常被用于激光雷达海底测深和水下目标探测的研究。但是，这些模型都对实际的光传输情况做了近似处理，只适用于有限的深度范围，而且得到的传输和分布计算式十分复杂，在其基础上进一步推导简明的接收机接收信号的数学形式比较困难。另外，模型获得的都是光场的稳态解，通常光通信使用的光脉冲都是瞬态脉冲信号，因此不能提供需要的光场时间分布信息，也不能体现光场自身随机起伏带来的噪声。

2.4.3 MC 方法

MC 方法具有很大的灵活性，它可以应用在不同折射率、不同吸收系数、不同散射系数的多种传输介质组合中，而且作为一种无偏的计算方法，它的原理也很简单，使用方便。Plass 等[35]和 Bucher[36]分别在 1968 年和 1973 年使用 MC 方法计算了光束在云中的散射过程，系统地介绍了如何使用 MC 方法来仿真激光在多种散射介质中的传输。关于 MC 方法对光脉冲在多种散射介质中传输使用的基本原理，1974 年，Blättner 等[37]从辐射场在大气传输应用的角度做了介绍。1981 年，Poole 等[38]提出了半分析的 MC 方法辐射传输模型（SALMON），相比 MC 方法，该模型可以减少仿真的光子包个数和仿真时间，但是计算更加复杂。1982 年，Lerner 等[7]基于平面判据和球面判据，利用 MC 方法分析了激光在水下向下传输不同深度后的角度分布、时域分布和空域分布。1994 年，Arnon 等[24]对水下光场的各种计算方法（包括不变注入法、离散坐标法、MC 方法等）做了比较，认为运用这些方法可以得出基本相似的结果。1994 年，Arnon 等[39]基于非偏振电磁辐射的角度、时域和空域的分布，几何路径长度，粒子尺寸分布以及介质参数之间的关系，利用 MC 方法推导出了光通过浑浊介质后的多种参量数学表达式，包括未经散射的透过率、吸收系数、后向散射系数、总透过率、侧向辐射率、平均散射功率密度、空间展宽、角度展宽和时间展宽。1998 年，McLean 等[40]用 MC 方法验证了推导得到的光束扩展方程的正确性。关于光辐射在大气海洋体系中的传输，2003 年，Gjerstad 等[41]使用 MC 方法进行了研究，并对比了 MC 方法与离散坐标法的计算结果，也证实这两种方法可以得到相似的结果，肯定了 MC 方法有其他方法所不具备的灵活性，如在大气分层的处理和海面海浪起伏的处理等问题上，解析的方法就显得很烦琐。随着研究的推进，科研人员对在多种散射介质中光辐射传输的原始 MC 方法进行了多种改进和优化，使其得以广泛应用于光辐射在大气、海洋、云层、生物组织、照相乳剂等领域的研究之中[42-44]。MC 方法本质上是一种数学实验方法，它追踪每个光子包的传输轨迹，进而得到整个光场随时间的分布变化。MC 方法所固有的统计特性决定了它需要使用大量的计算机随机产生的光子传输事件，因此计算量大是这种方法的缺点，但其结果是准确的，文献中通常用 MC 方法的结果来检验数值算法和近似解的误差程度。2013 年，Gabriel 等[45]利用 MC 方法，针对水下数十米通信距离和数兆比特每秒的通信速率要求，设计了一套完整的通信系统，并分析了光源、接收机、探测器对误码率的影响。

上述关于水下光信道的研究工作充分证明了蓝绿光相比其他波段的激光拥有更小的衰减，是一种可靠的海水传输窗口。

2.5　透明度反演水质参数

根据现有研究，蓝绿光是电磁波中在水下衰减最小的波段。目前计算水下蓝绿光衰减系数 K_d 时，一般默认I类水质中 $K_d = 0.032\text{m}^{-1}$，II类水质中 $K_d = 0.063\text{m}^{-1}$，III类水质中 $K_d = 0.12\text{m}^{-1}$ [6,22]。但同一类水质由于浮游植物和黄色物质等的分布不同，衰减系数也会有差异，因此需要根据具体的海域情况分析蓝绿光的衰减系数。

为解决不同海域在不同月份的蓝绿光衰减系数不同的问题，山东省海洋环境监测技术重点实验室提出了利用海水透明度反演水下蓝绿光衰减系数，进而估算蓝绿光在水下能量衰减情况的新方法。该方法对I类至III类水质均适用，但不同类水质的透明度反演算法和衰减系数反演算法不同。例如，可利用 2016 年黄海部分海域透明度遥感数据反演出 532nm 波长的衰减系数分布，进而估算在不同海域进行蓝绿光通信时的能量衰减情况。

2.5.1　遥感数据反演透明度模型

透明度的获取方法有两种：一是通过透明度盘实测获得，二是通过遥感数据反演获得。用透明度盘实测透明度的方法为：将直径为 30cm 的透明度盘放入水中，随着透明度盘在水中下沉得越来越深，其颜色与水之间的差异越来越小，其颜色的差异达到人眼能分辨的检测阈值时，透明度盘深度即透明度。这种方法费时费力，且结果因测量者视力的不同存在差异，随着遥感技术的进步，人们逐渐使用遥感数据反演代替透明度盘实测。

遥感数据来自中分辨率成像光谱仪（moderate-resolution imaging spectroradiometer，MODIS）。MODIS 搭载在 Aqua 卫星上，是新一代“图谱合一”的光学遥

感仪器，共有 490 个探测器、36 个光谱波段，光谱范围从 0.4μm 可见光到 14.4μm 热红外全光谱覆盖，空间分辨率有 4km 和 9km 两种，可采用空间分辨率为 4km 的 443nm、488nm、531nm、555nm、667nm 5 个波长的数据。

遥感数据反演透明度模型采用李忠平等[46]提出的一种新的关于透明度的理论和机理模型。选取 MODIS 数据中的 443nm、488nm、531nm、555nm 和 667nm 波长的遥感反射率 R_{rs}，首先，根据准分析算法（quasi-analytical algorithm，QAA）计算出相应波长的颗粒物后向散射系数 b_{bp} 和吸收系数 a。吸收系数和后向散射系数计算式如表 2-6 所示。

表 2-6　吸收系数和后向散射系数计算式

步骤	说明	变量	计算式	
1	计算星下点光谱遥感反射率	MODIS 数据中的给定波长的遥感反射率 R_{rs}（λ）、Nadir-viewing（卫星从垂直方向向下观察地球表面）光谱遥感反射率 $r_{rs}(\lambda)$	$r_{rs}(\lambda)=R_{rs}(\lambda)/(0.52+1.7R_{rs}(\lambda))$	
2	拟合计算单次反照率	单次反照率 $u(\lambda)$，即 $\dfrac{\text{后向散射系数}}{\text{后向散射系数+吸收系数}}$	$u(\lambda)=\dfrac{-g_0+\sqrt{(g_0)^2+4g_1\cdot r_{rs}(\lambda)}}{2g_1}, g_0=0.089, g_1=0.1245$	
3	比较遥感反射率与典型值	判断条件	$R_{rs}(667)<0.0015\text{sr}^{-1}$	$R_{rs}(667)\geqslant 0.0015\text{sr}^{-1}$
4	选择参考波长	参考波长 λ_0	$\lambda_0=555\text{nm}$	$\lambda_0=667\text{nm}$
5	计算参考对应波长吸收系数	参考波长的吸收系数 $a(\lambda_0)$、纯水吸收系数 a_w	$a(\lambda_0)=a(555)=$ $a_w(\lambda_0)+10^{h_0+h_1\cdot\chi+h_2\cdot\chi^2}$ $\chi=\lg\left(\dfrac{r_{rs}(443)+r_{rs}(488)}{r_{rs}(555)+5\dfrac{r_{rs}(667)}{r_{rs}(488)}r_{rs}(667)}\right)$	$a(\lambda_0)=a(667)=$ $a_w(667)+0.39$ $\left(\dfrac{R_{rs}(667)}{R_{rs}(443)+R_{rs}(488)}\right)^{1.14}$
6	对应计算参考波长的后向散射系数	参考波长的后向散射系数 $b_{bp}(\lambda_0)$、纯水后向散射系数 b_{bw}	$b_{bp}(\lambda_0)=b_{bp}(555)=$ $\dfrac{u(\lambda_0)\cdot a(\lambda_0)}{1-u(\lambda_0)}-b_{bw}(555)$	$b_{bp}(\lambda_0)=b_{bp}(667)=$ $\dfrac{u(\lambda_0)\cdot a(\lambda_0)}{1-u(\lambda_0)}-b_{bw}(667)$
7	计算功率参数	功率参数 η	$\eta=2.0\left(1-1.2\exp\left(-0.9\dfrac{r_{rs}(443)}{r_{rs}(555)}\right)\right)$	

续表

步骤	说明	变量	计算式
8	反演得到后向散射系数	后向散射系数 $b_{bp}(\lambda)$	$b_{bp}(\lambda)=b_{bp}(\lambda_0)\left(\frac{\lambda_0}{\lambda}\right)^{\eta}$
9	反演得到吸收系数	吸收系数 $a(\lambda)$	$a(\lambda)=(1-u(\lambda))(b_{bw}(\lambda)+b_{bp}(\lambda))/u(\lambda)$

参数取值如表 2-7 所示。

表 2-7　参数取值

参数	取值	参数	取值
h_0	−1.146	$b_{bw}(531)$	0.00224499
h_1	−1.366	$a_w(555)$	0.0596
h_2	−0.469	$b_{bw}(555)$	0.00185907
$b_{bw}(443)$	0.00487235	$a_w(667)$	0.434888
$b_{bw}(488)$	0.00322035	$b_{bw}(667)$	0.00085005

其中，b_{bw} 为纯水的后向散射系数，a_w 为纯水的吸收系数。

然后，计算 5 个波长的漫衰减系数 K_d 。将求出的各波长的吸收系数和后向散射系数代入式（2-10）。

$$K_d(\lambda)=(1+0.005\theta_s)a(\lambda)+4.18(1-0.52\exp(-10.8a(\lambda))) \tag{2-10}$$

其中，θ_s 为太阳天顶角，根据卫星入境时间与经纬度计算，按天取月平均值。

最后，比较得出漫衰减系数最小的波长，并和该波长的遥感反射率 R_{rs} 一起代入式（2-11）。

$$Z_{sd}=\frac{1}{2.5\min[K_d(443,488,531,555,667)]}\ln\left(\frac{|0.14-R_{rs}|}{C_t^r}\right) \tag{2-11}$$

其中，Z_{sd} 即透明度，拟合系数 C_t^r 取 0.013。

2.5.2　透明度反演衰减系数模型

大量实测数据表明，近岸海区的衰减系数在垂直分布上基本均匀，衰减系数可做均匀一致的假设；远岸海区的辐照度随深度变化的实测数据也表明，大部分站点的辐照度随深度的变化呈现指数衰减趋势，衰减系数可做均匀一致的假设[47]。王晓梅[48]利用 2003 年春秋两季黄海、东海水色联合实验中获取的衰减系数实测数据与透明度数据建立了反演模型，其反演数据与实测数据的相关性较好，并有较高的置信度。

适合东海、黄海等 Jerlov II类水体 412～565nm 波段的衰减系数反演模型为

$$K_{d490}=\left(\frac{Z_{SD}}{1.43}\right)^{-\frac{1}{0.89}} \tag{2-12}$$

其中，K_{d490} 为 490nm 波长处的激光衰减系数，Z_{SD} 为透明度，其他波长的衰减系数与 490nm 波长处的衰减系数之间的关系为

$$K_d(\lambda)=k(\lambda)\cdot K_{d490} \tag{2-13}$$

其中，$k(\lambda)$ 为回归直线的斜率，计算式为

$$k(\lambda)=6.686\lambda^2-10.25\lambda+4.356 \tag{2-14}$$

其中，λ 的单位为 μm。

蓝绿光波长范围为 450～570nm，该范围内的衰减系数与波长的关系如图 2-3 所示。从图 2-3 可知，蓝绿光衰减系数随波长的增加而减小，随着透明度的增加，衰减系数整体减小，且不同波长间的差异也减小。

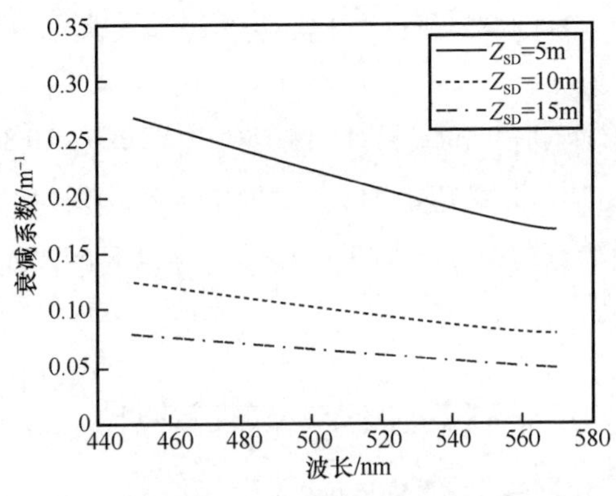

图 2-3　蓝绿光衰减系数与波长的关系

2.6　黄海海域蓝绿光传输特性

海水对蓝绿光的衰减与近岸/远岸、季节和海域都有关，因此现有将同类海水的

衰减值视为固定值的经验方法在实际应用中会有较大的误差，这就需要采用与海水光学性质密切相关的参量进行激光能量衰减估算，透明度无疑是一个很好的选择。

2.6.1　黄海海域蓝绿光衰减系数分析

选取 2016 年黄海海域的透明度数据，研究海域如图 2-4 所示。

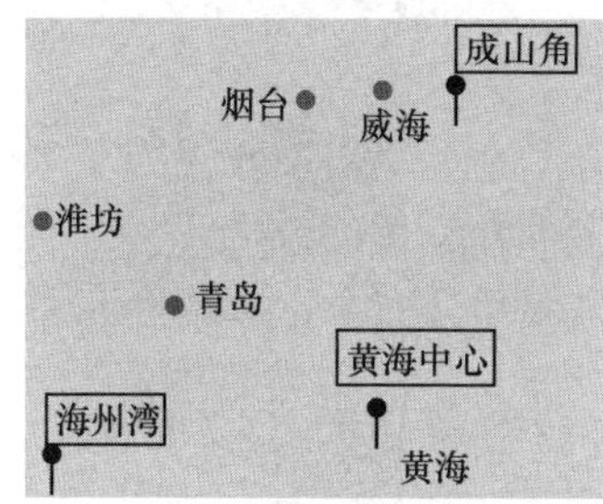

图 2-4　研究海域

根据透明度反演衰减系数模型，3 个海域的 532nm 激光衰减系数分布如图 2-5～图 2-7 所示。

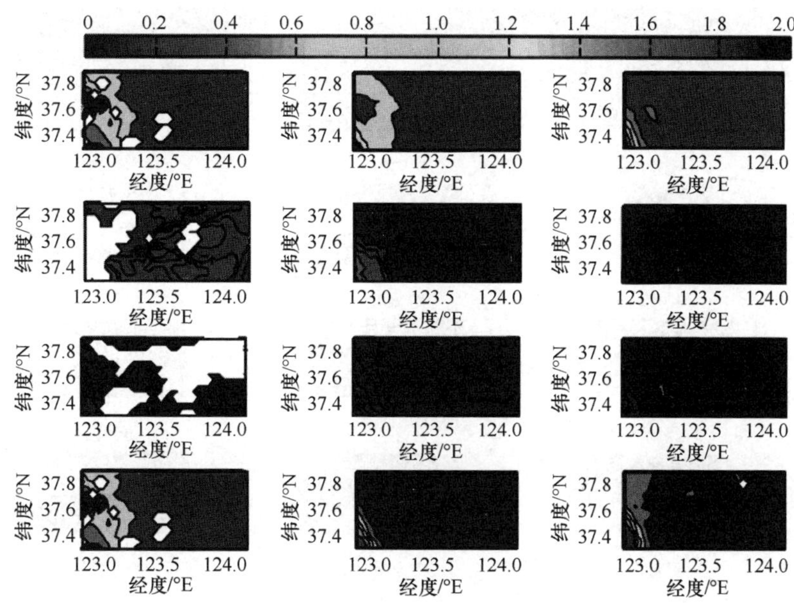

图 2-5　2016 年成山角海域的衰减系数分布（1—12 月）

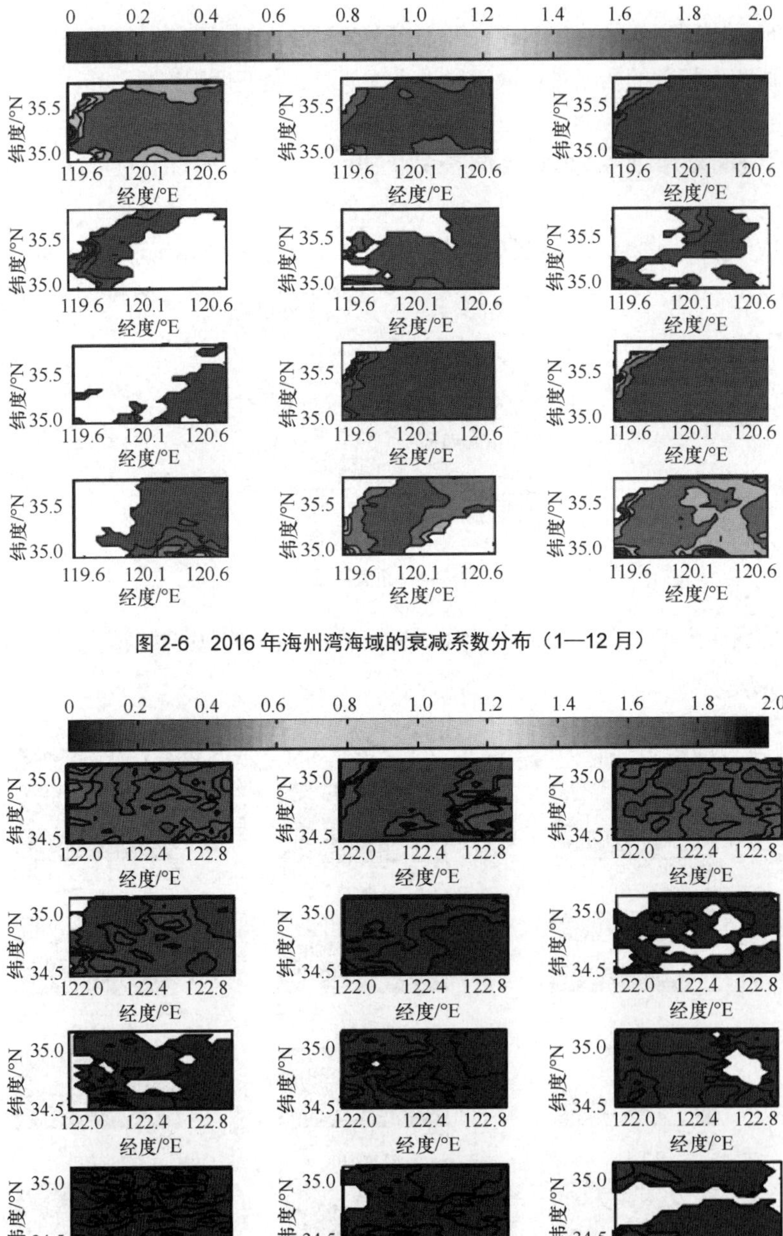

图 2-6 2016 年海州湾海域的衰减系数分布（1—12 月）

图 2-7 2016 年黄海中心海域的衰减系数分布（1—12 月）

如图 2-5～图 2-7 所示，成山角海域与海州湾海域的衰减系数整体上呈现近岸高、远岸低的特点，且近岸衰减系数的季节性差异明显，夏季高、冬季低；黄海中心海域的衰减系数整体较低。

计算 3 个海域的月平均衰减系数和年平均衰减系数，结果如图 2-8 所示。

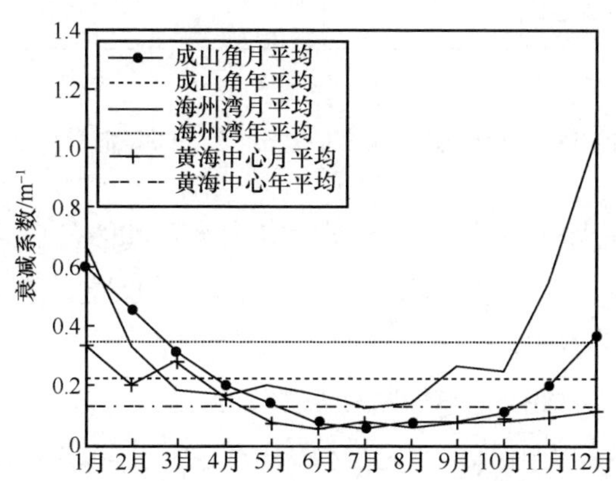

图 2-8 3 个海域的月平均衰减系数和年平均衰减系数

从图 2-8 中可以看出，海州湾海域的年平均衰减系数最大，成山角海域次之，黄海中心海域最低；成山角海域 4—11 月的月平均衰减系数低于年平均衰减系数，海州湾海域 2—10 月的月平均衰减系数低于年平均衰减系数，黄海中心海域 5—12 月的月平均衰减系数低于年平均衰减系数。从总体上看，黄海在 5—10 月衰减系数较低，比较适合使用蓝绿光进行水下通信。

2.6.2 黄海海域蓝绿光能量衰减分析

假设激光在水下的传输距离为 L_{w}，则激光在水下的能量衰减遵循朗伯定律。

$$I = I_0 \mathrm{e}^{-K_{\mathrm{d}}(\lambda) L_{\mathrm{w}}} \tag{2-15}$$

其中，I 为传输 L_{w} 后的光强，I_0 为初始光强，则蓝绿光在水下的透过率为

$$T_{\mathrm{w}} = \mathrm{e}^{-K_{\mathrm{d}}(\lambda) L_{\mathrm{w}}} \tag{2-16}$$

结合式（2-12）～式（2-16），可得到海水透明度与 532nm 波长的激光在水下 50m 处透过率的关系，如图 2-9 所示。

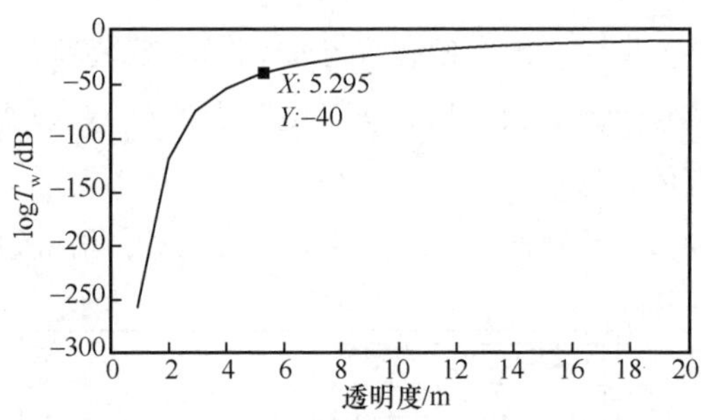

图 2-9　海水透明度与 532 波长的激光在水下 50m 处透过率的关系

从图 2-9 中可以得出，传输距离一定时，海水透明度越高，激光在水下的透过率越高。以晴天进行空中目标对水下 50m 目标的蓝绿光通信为例，按发散角 $\theta = 20\text{mrad}$ 、接收半径 $D_R = 300\text{mm}$ 计算，初步估算经过大气信道传输后系统可承受的链路衰减约为 43.8dB，而海气界面会产生 0.8dB 的衰减，假设 3dB 链路余量为保证基本通信的极限，则应保证激光在水下的衰减小于 40dB，如图 2-9 所示，即相应海域的透明度应大于 5.295m。

为研究黄海海域是否能进行水下 50m 的激光通信，绘制相应海域的 $\log T_w$ 分布如图 2-10～图 2-12 所示。

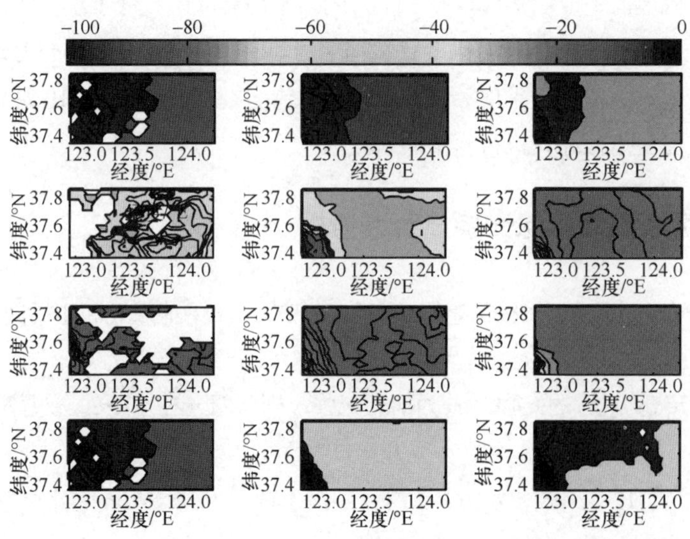

图 2-10　2016 年成山角海域水下 50m 处的 $\log T_w$（1—12 月）（单位为 dB）

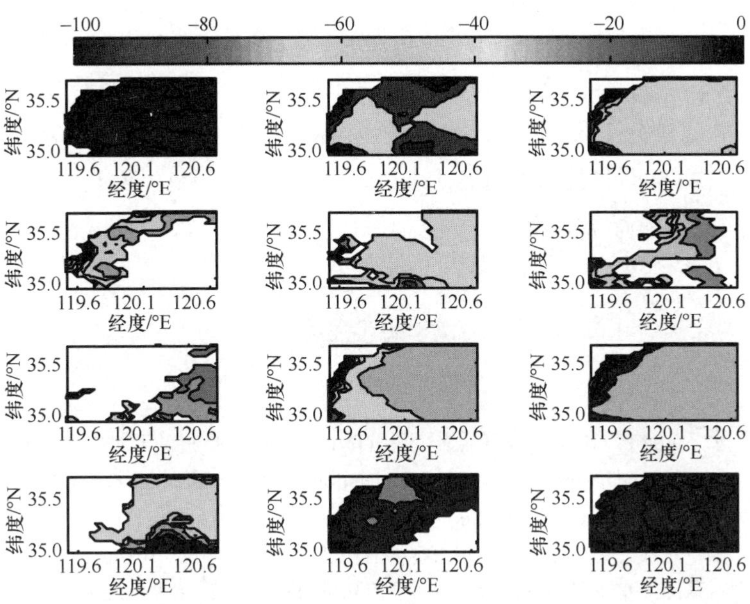

图 2-11　2016 年海州湾海域水下 50m 处的 log T_w（1—12 月）（单位为 dB）

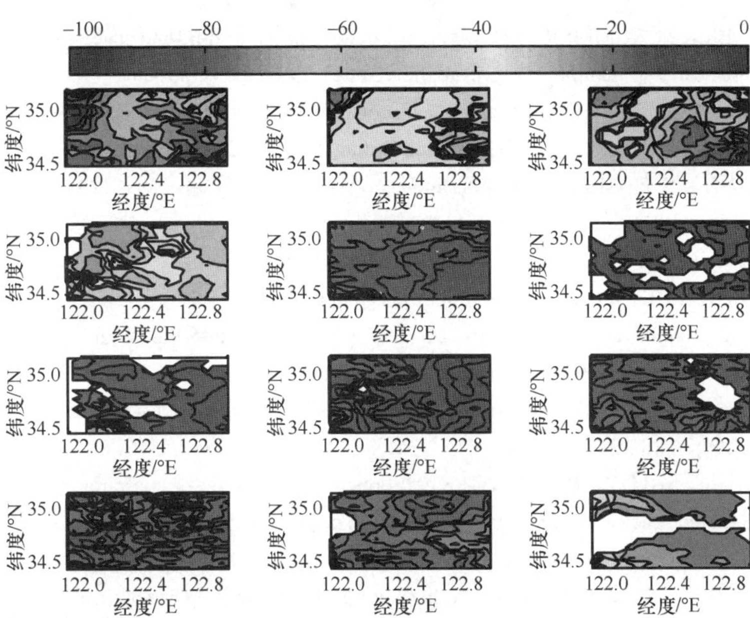

图 2-12　2016 年黄海中心海域水下 50m 处的 log T_w（1—12 月）（单位为 dB）

从图 2-10～图 2-12 可以看出，成山角海域 5—9 月远岸水下 50m 处的 $\log T_w$ 在−37dB 以内，可进行蓝绿光通信；海州湾海域 4 月、6—8 月水下 50m 处的 $\log T_w$ 在−37dB 以内，可进行蓝绿光通信；黄海中心海域除 1 月和 3 月外，水下 50m 处的 $\log T_w$ 在−37dB 以内，可进行蓝绿光通信，其中 5—11 月部分区域的 $\log T_w$ 在−20dB 以内，可尝试更深距离的蓝绿光通信。

参考文献

[1] 姚灿. 水下光通信 OOK 调制解调系统研究[D]. 哈尔滨: 哈尔滨工业大学, 2014.

[2] ARNUSH D. Underwater light-beam propagation in the small-angle-scattering approximation[J]. Journal of the Optical Society of America, 1972, 62(9): 1109-1111.

[3] 吴健. 水下无线光通信系统的研究和实现[D]. 厦门: 厦门大学, 2014.

[4] 王明洁. 蓝绿光水下传输的时域特性研究[D]. 南京: 南京理工大学, 2006.

[5] JERLOV N G. Marine optics[M]. Amsterdam: Elsevier Scientific Publishing, 1976.

[6] 杨虹. 蓝绿激光对潜通信光信道特性研究[D]. 成都: 电子科技大学, 2008.

[7] LERNER R M, SUMMERS J D. Monte Carlo description of time and space-resolved multiple forward scatter in natural water[J]. Applied Optics, 1982, 21(5): 861-869.

[8] MOREL A, LOISEL H. Apparent optical properties of oceanic water: dependence on the molecular scattering contribution[J]. Applied Optics, 1998, 37(21): 4765-4776.

[9] SHIFRIN K S. Physical optics of ocean water[M]. Heidelberg: Springer, 1998.

[10] 曹旭. 基于 LED 的水下可见光通信技术的仿真研究[D]. 哈尔滨: 哈尔滨工程大学, 2014.

[11] 丁阳. 用于小型设备的低成本水下无线光通信装置[D]. 杭州: 浙江大学, 2013.

[12] KISHINO M, TANAKA A, OISHI T, et al. Temporal and spatial variability of chlorophyll a, suspended solids, and yellow substance in the Yellow Sea and East China Sea using ocean color sensor[C]//Hyperspectral Remote Sensing of the Ocean. SPIE, 2001: 179-187.

[13] 张扬, 黄卫东, 董长哲, 等. 海洋激光雷达探测卫星技术发展研究[J]. 红外与激光工程, 2020, 49(11): 28-39.

[14] PRIEUR L, SATHYENDRANATH S. An optical classification of coastal and oceanic waters based on the specific spectral absorption curves of phytoplankton pigments, dissolved organic matter, and other particulate materials1[J]. Limnology and Oceanography, 1981, 26: 671-689.

[15] MATLACK D E. Deep ocean optical measurement (DOOM) report on North Atlantic, Caribbean, and Mediterranean Cruises[R]. 1974.

[16] JERLOV N G, PICCARD J. Bathyscaph measurements of daylight penetration into the Medi-

terranean[J]. Deep Sea Research, 1959, 5(2/3/4): 201-204.
[17] JACKSON J D, FOX R F. Classical electrodynamics[EB]. 1962.
[18] PETZOLD T J. Volume scattering functions for selected ocean waters[R]. 1972.
[19] JERLOV N G. Marine optics[M]. Amsterdam: Elsevier, 1976.
[20] MOREL A, GENTILI B, CLAUSTRE H, et al. Optical properties of the “clearest” natural waters[J]. Limnology and Oceanography, 2007, 52(1): 217-229.
[21] FREDA W, PISKOZUB J. Improved method of Fournier-Forand marine phase function parameterization[J]. Optics Express, 2007, 15(20): 12763-12768.
[22] LACOVARA P. High-bandwidth underwater communications[J]. Marine Technology Society Journal, 2008, 42(1): 93-102.
[23] SOLONENKO M G, MOBLEY C D. Inherent optical properties of Jerlov water types[J]. Applied Optics, 2015, 54(17): 5392-5401.
[24] MOBLEY C D, GENTILI B, GORDON H R, et al. Comparison of numerical models for computing underwater light fields[J]. Applied Optics, 1993, 32(36): 7484-7504.
[25] KARP S. Optical communications between underwater and above surface (satellite) terminals[J]. IEEE Transactions on Communications, 1976, 24(1): 66-81.
[26] LUTOMIRSKI R F. An analytic model for optical beam propagation through the marine boundary layer[C]//Ocean Optics V. Washington: SPIE, 1978, 160: 110-122.
[27] STOTTS L B. Closed form expression for optical pulse broadening in multiple-scattering media[J]. Applied Optics, 1978, 17(4): 504-505.
[28] SCHIPPNICK P F. Phenomenological model of beam spreading in ocean water[C]//Ocean Optics X. Washington: SPIE, 1990, 1302: 13-37.
[29] HULST H C, KATTAWAR G W. Exact spread function for a pulsed collimated beam in a medium with small-angle scattering[J]. Applied Optics, 1994, 33(24): 5820-5829.
[30] LUTOMIRSKI R F, CIERVO A P, HALL G J. Moments of multiple scattering[J]. Applied Optics, 1995, 34(30): 7125-7136.
[31] JARUWATANADILOK S. Underwater wireless optical communication channel modeling and performance evaluation using vector radiative transfer theory[J]. IEEE Journal on Selected Areas in Communications, 2008, 26(9): 1620-1627.
[32] KOPILEVICH Y I, KONONENKO M E, ZADOROZHNAYA E I. The effect of the forward-scattering index on the characteristics of a light beam in sea water[J]. Journal of Optical Technology, 2010, 77(10): 598-601.
[33] GABRIEL C, KHALIGHI M A, BOURENNANE S, et al. Channel modeling for underwater optical communication[C]//Proceedings of the 2011 IEEE GLOBECOM Workshops (GC Wkshps). Piscataway: IEEE Press, 2011: 833-837.
[34] TANG S J, DONG Y H, ZHANG X D. On link misalignment for underwater wireless optical

communications[J]. IEEE Communications Letters, 2012, 16(10): 1688-1690.

[35] PLASS G N, KATTAWAR G W. Monte Carlo calculations of light scattering from clouds[J]. Applied Optics, 1968, 7(3): 415-419.

[36] BUCHER E A. Computer simulation of light pulse propagation for communication through thick clouds[J]. Applied Optics, 1973, 12(10): 2391-2400.

[37] BLÄTTNER W G, HORAK H G, COLLINS D G, et al. Monte Carlo studies of the sky radiation at twilight[J]. Applied Optics, 1974, 13(3): 534-547.

[38] POOLE L R, VENABLE D D, CAMPBELL J W. Semianalytic Monte Carlo radiative transfer model for oceanographic lidar systems[J]. Applied Optics, 1981, 20(20): 3653-3656.

[39] ARNON S, SADOT D, KOPEIKA N S. Simple mathematical models for temporal, spatial, angular, and attenuation characteristics of light propagating through the atmosphere for space optical communication[J]. Journal of Modern Optics, 1994, 41(10): 1955-1972.

[40] MCLEAN J W, FREEMAN J D, WALKER R E. Beam spread function with time dispersion[J]. Applied Optics, 1998, 37(21): 4701-4711.

[41] GJERSTAD K I, STAMNES J J, HAMRE B, et al. Monte Carlo and discrete-ordinate simulations of irradiances in the coupled atmosphere-ocean system[J]. Applied Optics, 2003, 42(15): 2609-2622.

[42] 陈文革, 周晓迈, 卢益民, 等. 海洋激光雷达系统的蒙特卡罗模拟方法研究[J]. 华中理工大学学报, 1995, 23(10): 49-51.

[43] 刘长盛. 用蒙特卡洛方法求取云层的反射率与透过率[J]. 气象科学, 1989, 9(4): 378-384.

[44] 徐志君, 隋成华, 范竞藩. 蒙特卡罗方法模拟光在云雾中的传输[J]. 光学仪器, 1997, 19(S1): 7-11.

[45] GABRIEL C, KHALIGHI M A, BOURENNANE S, et al. Monte-Carlo-based channel characterization for underwater optical communication systems[J]. Journal of Optical Communications and Networking, 2013, 5(1): 1-12.

[46] LEE Z P, CARDER K L, ARNONE R A. Deriving inherent optical properties from water color: a multiband quasi-analytical algorithm for optically deep waters[J]. Applied Optics, 2002, 41(27): 5755-5772.

[47] 吴婷婷. 中国近海水体漫衰减系数遥感反演[D]. 青岛: 中国科学院研究生院(海洋研究所), 2013.

[48] 王晓梅, 唐军武, 丁静, 等. 黄海、东海二类水体漫衰减系数与透明度反演模式研究[J]. 海洋学报, 2005, 27(5): 38-45.

第3章 水下无线光通信信道特性的仿真

国外对水下无线光传输的研究开始于20世纪50年代，内容主要集中在光传输特性研究、水下光通信信道研究以及 UWOC 系统的设计与实现等方面。在水下无线光通信信道特性仿真方面，除了基于辐射传输理论的经典解析方法，采用比较普遍的是MC方法，还有将二者融合的改进的半解析半MC方法，以及新型的马尔可夫链（Markov chain）MC仿真。4种方法各有优缺点，下面主要基于仿真方法分别展开介绍。

3.1 MC方法

MC 仿真是一种基于大量数据的统计学研究方法，可被应用在不同折射率、不同吸收系数、不同散射系数的多种传输介质组合的辐射传输研究中，是一种无偏的模拟方法。

简单来讲，MC仿真就是把激光脉冲当作 N 个光子包的集合，逐一追踪光子包的传输，并利用光子包的统计分布来表征激光脉冲的特性。而激光脉冲与水的相互作用可被看作有能量损耗的散射。光子包的MC仿真追踪过程如图3-1所示。方便起见，以激光发射的位置作为原点 o、以激光发射方向作为 z 轴正方向，建立全局坐标系 xyz。

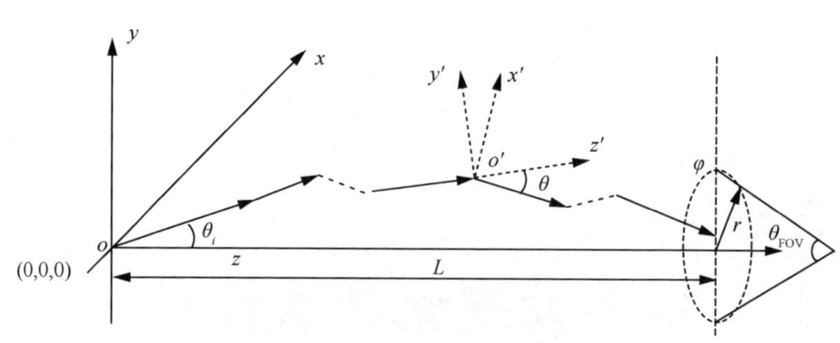

图 3-1 光子包的 MC 仿真追踪过程

光子包的 MC 仿真追踪过程分为以下 3 步[1]：初始化、追踪光子在水中的传输、停止追踪。

第一步：初始化。光子包的初始参数包括初始能量、初始位置、初始传输方向和发射时间。所有的光子包具有相同的初始能量 E_{P} 。

$$E_{\mathrm{P}} = E_{\mathrm{T}} / N \tag{3-1}$$

其中，E_{T} 为激光的单脉冲能量，光子包的初始位置分布满足 $n(0, r_0^2)$ ，初始传输方向在全局坐标系中的极化角 θ_i 满足 $n(0, \theta_0^2 / 4)$ ，方位角 φ_i 满足 $u(0, 2\pi)$ ，发射时间分布满足 $n(0, \tau_0^2 / 4)$ 。其中，$n(\mu, \sigma^2)$ 表示均值为 μ 、标准差为 σ 的高斯分布，$u(v_0, v_1)$ 表示 $v_0 \sim v_1$ 间的均匀分布。r_0 、θ_0 、τ_0 分别表示激光的光斑半径、远场发散角和初始脉冲展宽。脉冲展宽（简称脉宽）指的是脉冲的半峰全宽（full width at half maximum，FWHM）。

第二步：追踪光子在水中的传输。初始化后，光子包沿初始传输方向传输，当传输到一定的距离 l_{R} （称为随机步长）后，到达散射点并发生散射。

$$l_{\mathrm{R}} = -\ln \chi_{\mathrm{R}} / c \tag{3-2}$$

其中，χ_{R} 为一个满足 $u(0,1)$ 的随机数，c 为衰减系数。散射后，光子包的能量发生损耗。

$$E_{\mathrm{P\_post}} = \omega E_{\mathrm{P\_pre}} \tag{3-3}$$

其中，$E_{\mathrm{P\_pre}}$ 、$E_{\mathrm{P\_post}}$ 分别为散射前、后的光子包能量，ω 为单次反照率，$\omega = b / c$ ，

b 为散射系数。

在能量发生损耗的同时，光子包的传输方向也会发生变化。如图 3-1 所示，以碰撞位置为原点 o'、以散射前光子包的传输方向作为 z' 轴正方向，建立局域坐标系 $x'y'z'$。在局域坐标系中，光子包碰撞之后传输方向的极化角 θ 为散射角。散射角的分布称为散射相函数。散射相函数可以选取实际测量值[2]，也可以选用近似函数[3]。因为 HG 体积散射函数形式简单、容易编程，所以本书采用 HG 体积散射函数作为散射相函数的近似[4]。

$$P(\theta)=\frac{(1-g^2)}{4\pi(1-2g\cos\theta+g^2)^{\frac{3}{2}}} \tag{3-4}$$

其中，g 为 $\cos\theta$ 的平均值，称为不对称因子，表示的是前向散射和后向散射的分布差异。$g>0$ 表示光倾向于前向散射，$g=1$ 代表只有前向散射，$g<0$ 表示光倾向于后向散射，$g=-1$ 代表只有后向散射，$g=0$ 代表光均匀散射。根据 HG 体积散射函数，θ 的抽样函数为[5]

$$\theta=\arccos\left\{\frac{1}{2g}\left[1+g^2-\left(\frac{1-g^2}{1+g-2g\chi_{\mathrm{R}}}\right)^2\right]\right\} \tag{3-5}$$

散射之后的方位角 φ 满足 $u(0,2\pi)$。

对局域坐标系中的极化角和方位角进行抽样后，需要将散射后的传输方向转换到全局坐标系中，以便继续对随机步长进行抽样。如果碰撞前光子包传输的方向余弦表示为 (u_x,u_y,u_z)，则碰撞后的方向余弦 (u'_x,u'_y,u'_z) 为

$$\begin{bmatrix}u'_x\\u'_y\\u'_z\end{bmatrix}=\begin{bmatrix}u_xu_z/\sqrt{1-u_z^2} & -u_y/\sqrt{1-u_z^2} & u_x\\ u_yu_z/\sqrt{1-u_z^2} & u_x/\sqrt{1-u_z^2} & u_y\\ -\sqrt{1-u_z^2} & 0 & u_z\end{bmatrix}\begin{bmatrix}\sin\varphi\cos\theta\\ \sin\varphi\sin\theta\\ \cos\varphi\end{bmatrix} \tag{3-6}$$

第三步：停止追踪。循环进行上述的“随机步长传输—能量损耗—传输方向改变”过程，直到光子包满足以下两个条件之一，则停止追踪。如果光子包能量下降到某一设定的吸收阈值 E_{a} 以下，则认为光子包已被吸收；如果光子包落入接收机孔

径（半径为r）内，并且其传输方向在视场（视场角为θ_{FOV}）范围内，则认为光子包接收成功。

对每个光子包按照以上步骤进行追踪，所有光子包追踪结束后，即可累加计算接收到的光子包的总能量，然后按照能量加权累加的方式获得接收到的所有光子包的角度、时域和空域分布。

3.1.1 仿真假设和近似

进行 MC 仿真时，为简化过程，一般进行如下假设[6]。

（1）传输介质是均匀稳定的，整个仿真过程中，信道参数保持不变；

（2）水体足够大，不必考虑边界的影响；

（3）光子包穿过接收面之后，不能返回并再次穿过接收面，也就是说，如果光子包穿过接收面时未能进入接收机，则此后也不会再进入接收机；

（4）激光在水中散射后，波长不发生变化。

由以上假设可知，仿真时，水下光通信信道是一个线性系统，并具有时不变性和位移不变性。

3.1.2 仿真参数设置

MC 仿真时所需的参数主要有激光脉冲参数、信道参数、接收条件 3 类，下面具体说明。

激光脉冲参数主要包括激光波长、单脉冲能量、光斑半径、远场发散角和初始脉冲展宽。考虑技术条件和结果的通用性，将激光波长λ设定为 532nm，单脉冲能量E_T设为无量纲常数 1，光斑半径r_0为 1mm，远场发散角θ_0为 2mrad，初始脉冲展宽τ_0为 10ns。根据激光脉冲参数，可以对光子包的初始值进行设定和抽样。

信道参数包括衰减系数c、单次反照率ω以及不对称因子g。对于波长为 532nm 的激光，表 3-1 给出了典型的 Jerlov IB、Jerlov II、Jerlov III 类水质的参数值[7]。对于g，$g = 0.924$可以很好地符合绝大多数情况。下述仿真中，对于表 3-1 中 3 种不同的水，g都固定为 0.924。

表 3-1　Jerlov IB、Jerlov II、Jerlov III 类水质的参数值

参数	Jerlov IB	Jerlov II	Jerlov III
衰减系数 c	0.144m^{-1}	0.303m^{-1}	0.556m^{-1}
单次反照率 ω	0.58	0.75	0.81

接收条件主要包括接收机半径和接收视场角。为了保证结果的通用性，将接收机半径 r 设为无穷大，将接收视场角 θ_{FOV} 设为 180° 。这时接收机就相当于一个垂直于光传输方向的无限大平面，可称之为接收面。仿真过程中，记录接收面上光子包的状态，并保存到特定数据文件中以便调用。当系统参数确定后，可以根据其接收机的接收半径和接收视场角，从数据文件中提取相应的光子包进行统计分析。

另外，仿真前还需要设定光子包个数 N 和光子包吸收阈值 E_{die} 。N 越大、E_{die} 越小，则仿真精度越高，仿真耗时也越长；反之，N 越小、E_{die} 越大，则仿真耗时很短，但仿真精度很低。因此，N 和 E_{die} 的选取要综合考虑仿真精度和速度，这里，设 $N=10^8$、$E_{\text{die}}=10^{-6}E_{\text{P}}$。综上所述，将仿真时用到的所有参数列于表 3-2 中。

表 3-2　仿真参数

参数	值
激光波长 λ	532nm
单脉冲能量 E_{T}	1
光斑半径 r_0	1mm
远场发散角 θ_0	2mrad
初始脉冲展宽 τ_0	10ns
衰减系数 c	0.144m^{-1}、0.303m^{-1}、0.556m^{-1}
单次反照率 ω	0.58、075、0.81
不对称因子 g	0.924
接收机半径 r	$+\infty$
接收视场角 θ_{FOV}	180°

续表

参数	值
光子包个数 N	10^8
光子包吸收阈值 E_{die}	$10^{-6}E_{\text{P}}$

利用表 3-2 的参数进行 MC 仿真，并从两个方面分析仿真结果。一是将接收条件设为整个平面，分析激光脉冲传输后在整个接收面上的脉冲展宽、光斑半径和能量衰减情况；二是对于尺寸和视场角确定的接收机，查看其接收到的激光能量和脉冲展宽情况，下面分别进行详细说明。

3.1.3 远端光场分布特性分析

由上述的 MC 仿真过程可知，衰减系数和单次反照率都会影响激光在接收面上的分布情况。为了单独分析两者的影响，分别在固定单次反照率改变衰减系数、固定衰减系数改变单次反照率两种条件下，分析激光脉冲在远端接收面上光场的时域分布、空域分布和能量值。

1. **固定单次反照率，改变衰减系数**

为分析衰减系数的影响，参考表 3-1，选取 3 组值，衰减系数分别取 0.144m^{-1}、0.303m^{-1}、0.556m^{-1}，单次反照率固定为 0.75。图 3-2 为不同传输距离的接收面上的脉冲展宽、光斑半径和能量衰减。由图 3-2（a）可知，随着传输距离的增加，脉冲展宽大体呈线性增长。若传输距离相同，较大的衰减系数下有较大的脉冲展宽。同时，当 c=0.144m^{-1}、传输距离小于 60m 时，脉冲展宽增长缓慢，这是因为激光在衰减系数较小的水中进行短距离传输时，低次散射光占据大量能量份额，脉冲展宽较小。由图 3-2（b）可知，当传输距离增加时，光斑半径增大，并且随着距离的增加，光斑半径增大的速度放缓。此处光斑半径定义为包含光场总能量的 87.5%的圆的半径。对于较大的衰减系数，近距离内光斑半径增大很快，因此在近距离内，衰减系数越大，光斑半径越大。但衰减系数较大时，增速较小，最终造成在远距离时，小衰减系数对应的光斑半径较大。由图 3-2（c）可知，当传输距离增加时，接收面上的能量呈指数形式衰减。3 种水质条件下拟合得到的能量衰减系数分别为 0.049m^{-1}、0.107m^{-1}、0.196m^{-1}，明显小于衰减系数 c。

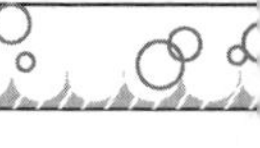

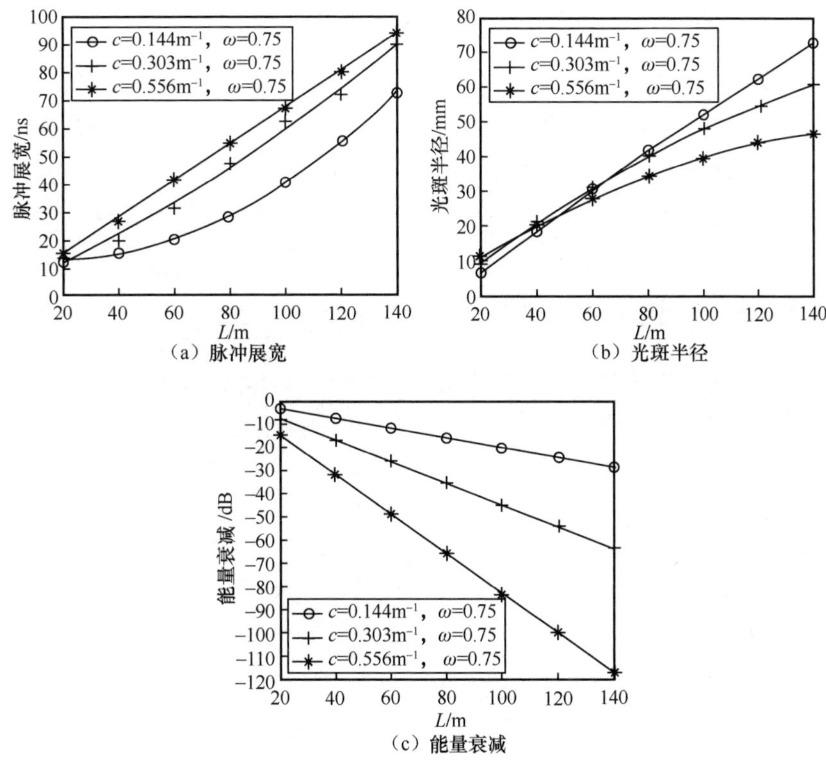

图 3-2　固定单次反照率，改变衰减系数的情况下，不同传输距离的接收面上的脉冲展宽、光斑半径和能量衰减

2. 固定衰减系数，改变单次反照率

为分析单次反照率的影响，参考表 3-1，选取 3 组值，单次反照率分别为 0.58、0.75、0.81，衰减系数固定为 0.303m^{-1}。图 3-3 为不同传输距离的接收面上的脉冲展宽、光斑半径和能量衰减。由图 3-3（a）可知，当传输距离增加时，脉冲展宽大体呈线性增长。在相同的传输距离上，较大的单次反照率有较大的脉冲展宽。这是因为单次反照率较大时，碰撞造成的能量损失较小，在同样的碰撞次数下，剩余的能量较大，散射次数增多。因此，计算时域展宽时多次散射光和弥散光所占的比重较高，脉冲展宽也就更加明显。与图 3-2 固定单次反照率改变衰减系数的情况相似，当 $c=0.303\text{m}^{-1}$ 时，在传输距离小于 60m 时脉冲展宽增长缓慢。这也是因为激光在衰减系数较小的水中进行短距离传输时，低次散射光占据大量能

量份额，脉冲展宽较小。由图 3-3（b）可知，当传输距离增加时，光斑半径增大，但增大速度逐渐放缓。当单次反照率增大时，光斑半径也会增大。这是因为在单次反照率较大时，碰撞造成的能量损失较小，在同样的碰撞次数下，剩余的能量较大。因此，计算空域展宽时多次散射光和弥散光所占比重较高，光斑增大也就更加明显。由图 3-3（c）可知，当传输距离增加时，接收面上的能量呈指数形式衰减。3 种水质条件下拟合得到能量衰减系数分别为 0.156m^{-1}、0.107m^{-1} 和 0.088m^{-1}。显然，对于较大的单次反照率，能量衰减较为缓慢。

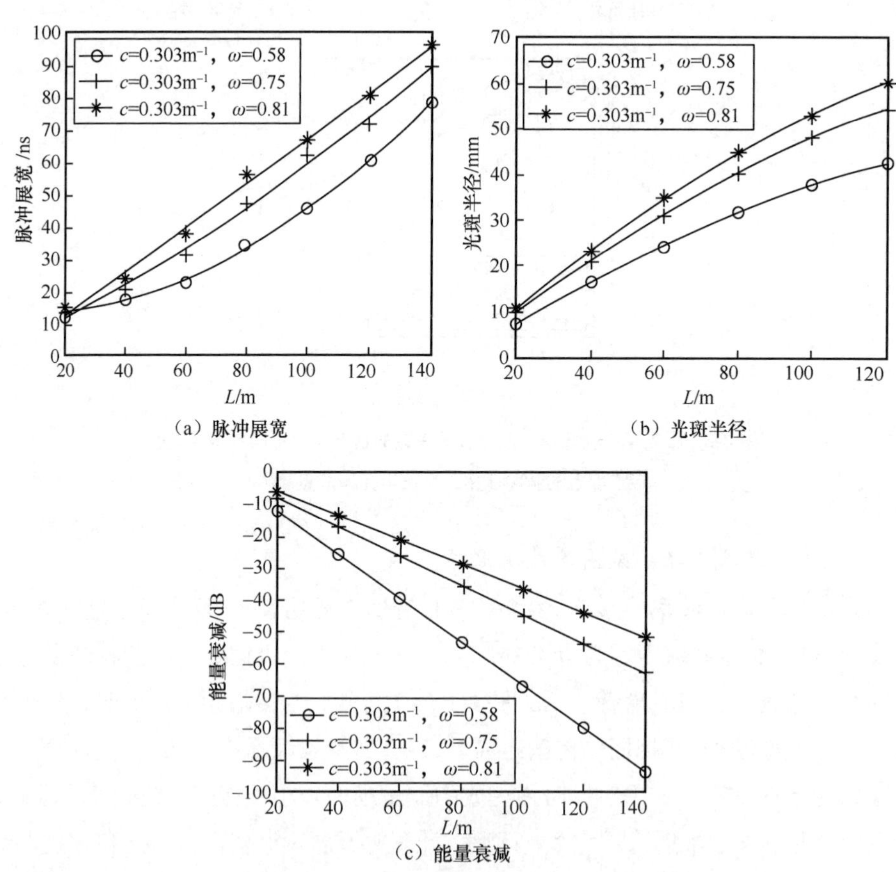

图 3-3 固定衰减系数，改变单次反照率的情况下，不同传输距离的接收面上的脉冲展宽、光斑半径和能量衰减

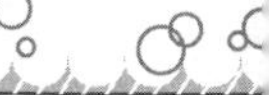

3.1.4 固定视场角和接收机半径时的接收特性分析

以下讨论在固定的接收机半径和视场角下，接收机能接收到的激光能量以及脉冲展宽。以 Jerlov II 类水为例，传输距离定为 120m。接收机放置于发射光束的视角方向上并正对发射机。接收机半径 r 分别设为 5cm、10cm、15cm、20cm 和 25cm，视场角 θ_{FOV}（全角）分别设为 1°、2°、5°、10°和 15°。不同接收机半径和视场角时的接收能量如图 3-4 所示。显然，当接收机半径和视场角增大时，接收到的能量增加。

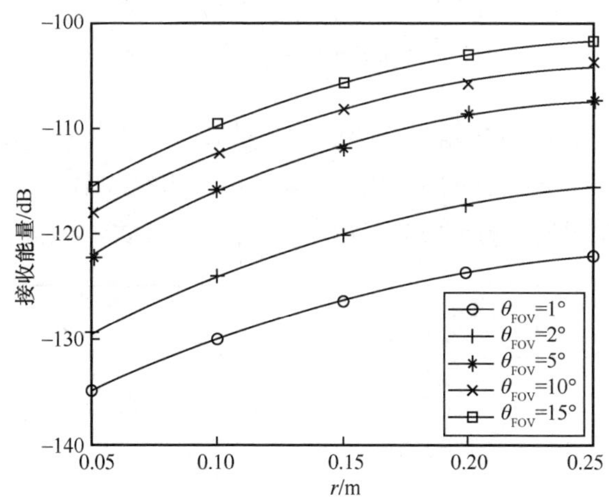

图 3-4 不同接收机半径和视场角时的接收能量

接收能量随接收机半径的变化如图 3-5 所示，为了对比方便，这里对能量进行了归一化。可以看出，在固定的视场角下，接收能量与接收机半径的平方成正比，即 $E_R \propto r^2$。这说明，在视角方向小范围内（半径小于 25cm），脉冲能量是均匀的，接收机接收到的能量与接收机半径的平均成正比。

$$E_R = \eta_E E_T r^2 \tag{3-7}$$

其中，η_E 为比例系数。θ_{FOV} 为 1°、2°、5°、10°和 15°时，η_E 分别为 1.2×10^{-11}、4.2×10^{-11}、2.1×10^{-10}、5.9×10^{-10} 和 1.0×10^{-9}。

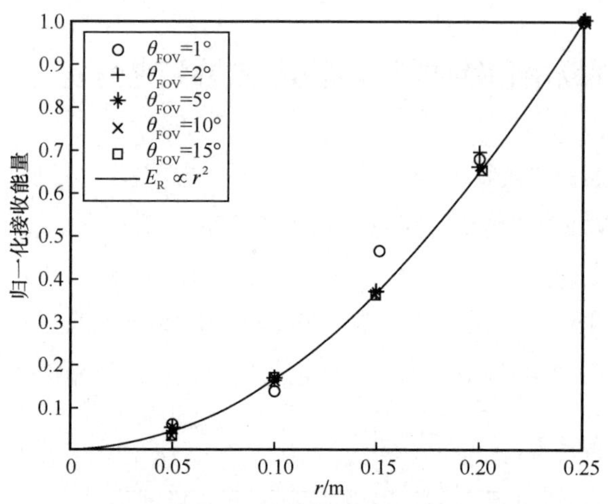

图 3-5　接收能量随接收机半径的变化

接收能量随视场角的变化如图 3-6 所示，能量已经进行了归一化。可知，在固定的接收机半径下，能量随视场角的变化规律基本相同。综合考虑图 3-5 和图 3-6 可知，接收机半径和视场角对接收能量的影响是相互独立的，这与参考文献[6]得出的结论吻合。

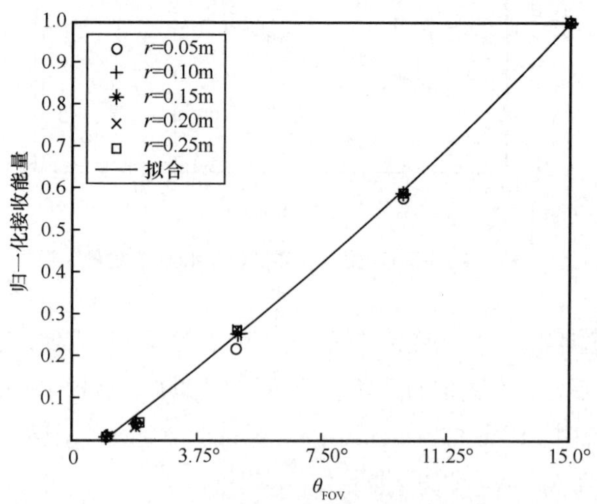

图 3-6　接收能量随视场角的变化

不同接收机半径和视场角时的脉冲展宽如图 3-7 所示。可知，当视场角增大时，脉冲展宽增大。但接收机半径（小于 25cm 时）改变时，脉冲展宽未出现明显变化。

考虑随机性，可认为在接收机半径较小时，脉冲展宽仅与视场角有关。θ_{FOV} 为 1°、2°、5°、10°和 15°时，脉冲展宽（不同接收机半径的平均值）分别为 12.9ns、13.5ns、14.8ns、16.8ns 和 18.5ns。这说明，在视角方向小范围（小于 15°）内，激光脉冲具有相同的脉冲展宽。图 3-8 也证明了这一结论。综上所述，对于具有固定视场角的接收机，其接收到的激光能量与接收机半径的平方成正比，而脉冲展宽几乎不变。因此，接收机接收到的激光功率正比于接收机半径的平方。

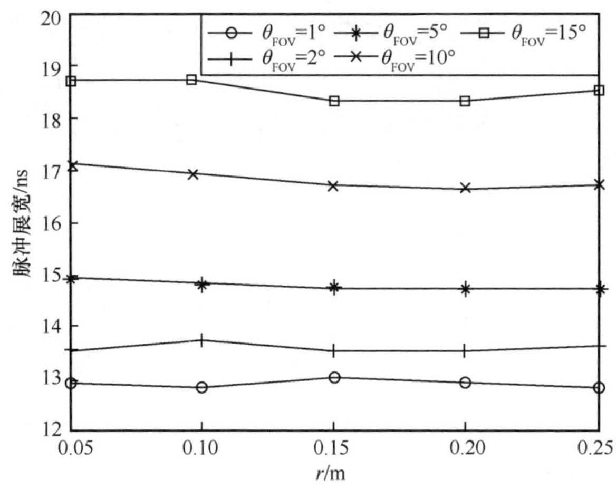

图 3-7　不同接收机半径和视场角时的脉冲展宽

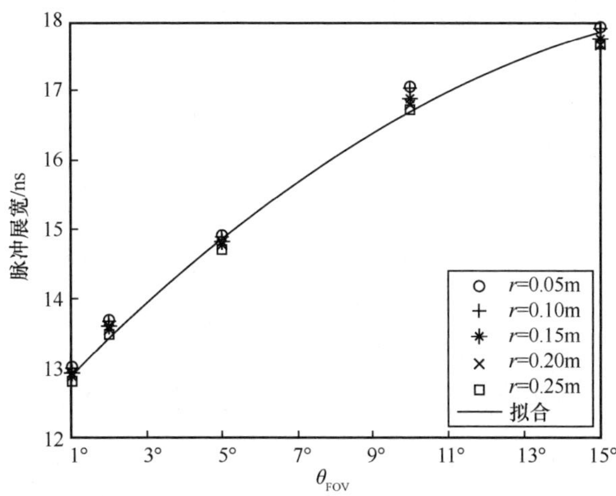

图 3-8　脉冲展宽随视场角的变化

3.2 改进的半解析半 MC 方法

最大通信距离是衡量通信系统性能的重要参量。但是采用 MC 方法对其进行仿真时存在一定的不足，这表现在进行 MC 仿真时，通信距离是一个输入量，为了获得最大通信距离，需要尝试一系列距离值。如果接收到的光功率正好等于探测器的探测阈值，这时的仿真距离就是最大通信距离。由于需要多次尝试才能最终确定最大通信距离，需要的仿真时间较长，甚至难以接受。同样地，激光脉冲的各种参数也是仿真的输入量，因而获得的仿真结果只能针对特定的激光参数。当发射的激光参数改变时，需要重新进行仿真。故通过 MC 仿真计算通信系统的最大通信距离的效率较低，尤其在估计不同激光参数条件下的最大通信距离时更为明显。因此需要一种更为有效的、更具有通用性的方法估计 UWOC 系统的最大通信距离。

针对上述问题，本节提出了一种改进的半解析半 MC 方法，以快速估计 UWOC 系统的最大通信距离。对于给定的信道，只需要进行两次仿真，就可以获得 UWOC 系统的最大通信距离，并且当系统参数改变时，不需要进一步的仿真即可通过计算式获得对应的最大通信距离。

3.2.1 半解析半 MC 方法原理

半解析半 MC 方法的思路为：对于给定的信道参数，通过简单的数学运算获得两个参考距离；在这两个参考距离上，分别进行一次 MC 仿真；根据仿真结果并结合理论分析，分析各个系统参数对最大通信距离的影响，最终推导出最大通信距离的半解析计算式。下面对半解析半 MC 方法的步骤进行详细说明。

1. 确定两个参考距离

根据激光在水中传输的特性，可按通信距离将激光传输分为 3 个区域：低次散射区域、前向散射区域和弥散区域[7]。当传输距离 L 小于 6 个散射距离（散射距离 L_{scat} 定义为 $1/b$，b 为水体的散射系数）时[8]，为低次散射区。在此区域内传输时，激光脉冲中未经散射的光子包占据绝大多数，激光依然保持良好的时间和空间集中性。

这时，应当采用具有较小半径和视场角的接收机，以降低背景光的影响。当 $6L_{\mathrm{scat}} \leqslant L < 20L_{\mathrm{scat}}$ 时，为前向散射区域。在此区域内传输时，激光脉冲中经过多次散射的光子包比例增大，脉冲展宽和光斑半径也开始增大。当 $L \geqslant 20L_{\mathrm{scat}}$ 时，为弥散区域。在此区域内传输时，激光脉冲中经过多次散射的光子包占绝大多数，脉冲展宽严重，光斑半径显著增大。这时，应当采用具有较大半径和视场角的接收机，以尽可能地收集激光。

假设 UWOC 系统的最大通信距离处于弥散区域。选取其中两个距离 L_1 和 L_2 作为参考距离。

$$L_1 = 20L_{\mathrm{scat}} \tag{3-8}$$

$$L_2 = 40L_{\mathrm{scat}} \tag{3-9}$$

将参考距离设为 $20L_{\mathrm{scat}}$ 和 $40L_{\mathrm{scat}}$ 并非严格要求的，但为了保证在两个参考距离上的仿真结果具有相同的统计规律，要求任意一个参考距离都要大于 $20L_{\mathrm{scat}}$。

2. 在两个参考距离上分别进行仿真

除了仿真距离，在进行 MC 仿真时，还需要设置初始激光脉冲参数、信道参数和接收条件。

（1）初始激光脉冲参数。在参考距离上进行仿真时，不必考虑具体系统参数。为了保证仿真结果的普适性，参考文献[8]将激光脉冲定义为具有单位能量的极细准直 δ 脉冲，即单脉冲能量 E_{T} 设为无量纲常数 1，光斑半径 r_0 为 $1/\infty$，远场发散角 θ_0 为 $1/\infty$，初始脉冲展宽 τ_0 为 $1/\infty$。

（2）信道参数。信道参数包括衰减系数 c、单次反照率 ω 和不对称因子 g，都由具体通信环境决定，并与激光波长有关。因此，通信时采用的激光脉冲波长需要首先确定。

（3）接收条件。接收条件包括接收机半径和视场角。为了保证结果的通用性，采用了接收面的概念，即将接收机半径设为无穷大，将视场角设为 180°，将满足接收条件的光子包存储在数据文件中。当系统参数确定后，可以根据其接收机半径和视场角，从文件中提取相应的光子包进行统计分析。

仿真结束后，即可获得光子包在整个接收面上的角度、时域和空域分布。值得注意的是，至此仅使用了信道参数，系统参数还未考虑。

3. 推导计算式

对于通信能否实现的判据是，接收到的信号强度是否大于探测器灵敏度。而最大通信距离指的是接收到的信号强度恰好等于探测器灵敏度的通信距离。由于激光脉冲功率仅与接收到的激光能量和脉冲展宽有关，在分析各个系统参数对通信距离的影响时，仅需要考虑这些因素对激光能量和脉冲展宽的影响。对于系统参数，可分为发射系统参数和接收系统参数，下面分别讨论。

（1）发射系统参数的影响。发射系统参数主要包括单脉冲能量 E_{T} 、发射效率 η_{S} 、光斑大小、远场发散角和初始脉冲展宽 τ_0 。由于 UWOC 系统是一个线性系统，因此单脉冲能量和发射效率仅线性地改变接收的能量。由于 UWOC 系统是一个位移不变系统，因此对于有特定光斑分布的激光，其在接收面上的空间分布为空间冲激响应与光斑分布的二维卷积。空间冲激响应即激光光斑为无穷小时接收面上的空间分布，可以通过仿真结果获得。发射的激光光斑一般小于几毫米，而接收机半径则为数十厘米。相比接收机半径，初始光斑很小，可近似当作无穷小的点，即光斑的尺寸可以忽略不计。在实际应用中，一般会采用准直光作为光源以获得更长的传输距离，远场发散角会控制在数毫弧度，甚至更小。由于水是会发生多次散射的介质，激光在水中经过长距离传输和多次散射后，光斑趋于弥散，因此最初发射时的数毫弧度的发散角可以忽略不计。由于 UWOC 系统是时不变系统，接收到的激光脉冲的时域分布是发射脉冲的时域分布与系统冲激响应的卷积。简便起见，将发射的激光脉冲和系统的冲激响应近似为高斯函数。而两个高斯函数的卷积还是高斯函数，方差为两个高斯函数方差的和，并且高斯函数的半峰全宽 τ_{Gauss} 与其方差 σ_{Gauss} 满足关系： $\tau_{\mathrm{Gauss}}=2\sqrt{2\ln 2}\sigma_{\mathrm{Gauss}}$ 。将冲激响应的脉冲展宽用 τ_{L_MC} 表示，则接收到的脉冲展宽为

$$\tau_L=\sqrt{\tau_{L\_\mathrm{MC}}^2+\tau_0^2} \tag{3-10}$$

综上所述，对于一个 UWOC 系统，仅需要考虑单脉冲能量 E_{T} 、发射效率 η_{S} 和初始脉冲展宽 τ_0 ，并且三者的影响均可以通过计算式进行量化。

（2）接收系统参数的影响。接收系统参数主要包括接收效率 η_{R} 、接收机半径 r 和视场角 θ_{FOV} 。与发射效率相同，接收效率也仅影响接收到的光能量。对于具有特定半径和视场角的接收机，可以直接从仿真结束时保存的数据文件中提取相应的光

子包，因此不再讨论其影响。

根据通信距离分别设为 L_1 和 L_2 时的仿真结果，仅考虑接收机的半径和视场角时，可以提取并统计出进入接收机内激光脉冲的能量和展度，分别表示为 E_{L1_MC} 和 τ_{L1_MC}、E_{L2_MC} 和 τ_{L2_MC}。继续考虑单脉冲能量 E_T、发射效率 η_S、初始脉冲展宽 τ_0、接收效率 η_R 的影响，则通信距离分别设为 L_1 和 L_2 时的激光脉冲的能量和展宽为

$$E_{L1} = E_\mathrm{T} \frac{E_{L1\_\mathrm{MC}}}{E_{\mathrm{T}\_\mathrm{MC}}} \eta_\mathrm{S} \eta_\mathrm{R} \tag{3-11}$$

$$E_{L2} = E_\mathrm{T} \frac{E_{L2\_\mathrm{MC}}}{E_{\mathrm{T}\_\mathrm{MC}}} \eta_\mathrm{S} \eta_\mathrm{R} \tag{3-12}$$

$$\tau_{L1} = \sqrt{\tau_{L1\_\mathrm{MC}}^2 + \tau_0^2} \tag{3-13}$$

$$\tau_{L2} = \sqrt{\tau_{L2\_\mathrm{MC}}^2 + \tau_0^2} \tag{3-14}$$

当传输距离改变时，接收到的激光脉冲的能量和展宽都会随之改变。随着距离的增加，能量基本呈指数级衰减[6]，系数为

$$k_\mathrm{E} = -\frac{\ln(E_{L2} / E_{L1})}{L_2 - L_1} \tag{3-15}$$

随着距离的增加，脉冲展宽基本呈线性增加[9]，系数为

$$k_\mathrm{T} = \frac{\tau_{L2} - \tau_{L2}}{L_2 - L_1} \tag{3-16}$$

对于一个通信系统，确定其最大通信距离就是寻找接收到的脉冲功率恰好等于探测阈值时的通信距离，即

$$P_\mathrm{D} = \frac{E_{L1} \exp[-k_\mathrm{E} (L_\mathrm{max} - L_1)]}{\tau_{L1} + k_\mathrm{T} (L_\mathrm{max} - L_1)} \tag{3-17}$$

其中，P_D 为探测阈值，L_max 为最大通信距离。

至此，我们获得了半解析的计算式。之所以称其为半解析，是因为式（3-17）中用到的部分参数（包括 E_{L1}、k_E、τ_{L1}、k_T）是通过仿真获得的。虽然式（3-17）对于 L_max 为隐式，但是没有必要进一步将其改为显式。这是因为式（3-17）形式简洁、意义明确，通过计算可以快速地获得最终的结果，特别是通过编程方法。

下面对式（3-17）的适用范围进行讨论。在计算式推导中，假设激光的光斑为毫米量级，远场发散角为毫弧度量级。如果这些条件不满足，结果可能会有较大误差。并且，

半解析半 MC 方法在开始时已经假设最大通信距离处于弥散区域，即 $L_{max} \geqslant 20L_{scat}$。如果最终获得的 L_{max} 不在弥散区域，结果可能不正确，需要进一步修正。

3.2.2 与实验结果的对比

为了验证所提半解析半 MC 方法的准确性，我们将计算结果与水池实验的结果进行了对比。系统实验在大型水槽中进行，水池实验的系统框架如图 3-9 所示。发射机密封在水密桶中并置于水底，激光从发射筒的输出窗口中射出，并在水中传输。接收机密封于另一个水密桶中，也置于水底。激光通过输入窗口进入接收机，经过信号采集和一系列的数据处理，最终将信息提取出来并送到 PC 中显示和存储。

图 3-9 水池实验的系统框架

水池实验的系统参数如表 3-3 所示。探测阈值定为 10nW 是为了保证误码率低于 10^{-5}。系统实验在 Jerlov II类水中进行，衰减系数为 0.51m^{-1}，实验获得的最大通信距离为 85.8m。

表 3-3 水池实验的系统参数

参数	值
激光波长 λ	532nm
单脉冲能量 E_T	4mJ
初始光斑半径 r_0	1mm
远场发散角 θ_0	2mrad
初始脉冲展宽 τ_0	10ns
发射效率 η_S	0.8
接收效率 η_R	0.4

续表

参数	值
接收机半径 r	50mm
视场角 θ_{FOV}	2°
探测阈值 P_D	10nW

现在利用半解析半 MC 方法计算最大通信距离。首先计算两个参考距离。参考文献[7]中，典型的 Jerlov II类水的单次反照率 ω =0.81，因此其散射系数 $b=\omega c$=0.41m^{-1}，则参考距离 $L_1 = 20/b = 48.8\text{m}$，$L_2 = 40/b = 97.6\text{m}$。

仿真时参数依照系统参数进行选取。采用 HG 体积散射函数作为散射相函数，其不对称因子 g=0.924。仿真之后，即可获得激光在接收面上的角度分布、空间分布和时间分布。在参考距离 L_1 和 L_2 上的时域分布和空域分布如图 3-10 所示，脉冲展宽和光斑半径也一并标注在图上。由图 3-10 可知，经过长距离传输，激光在空间上和时间上都出现了明显的弥散，脉冲展宽为数十纳秒，光斑半径为数十米。

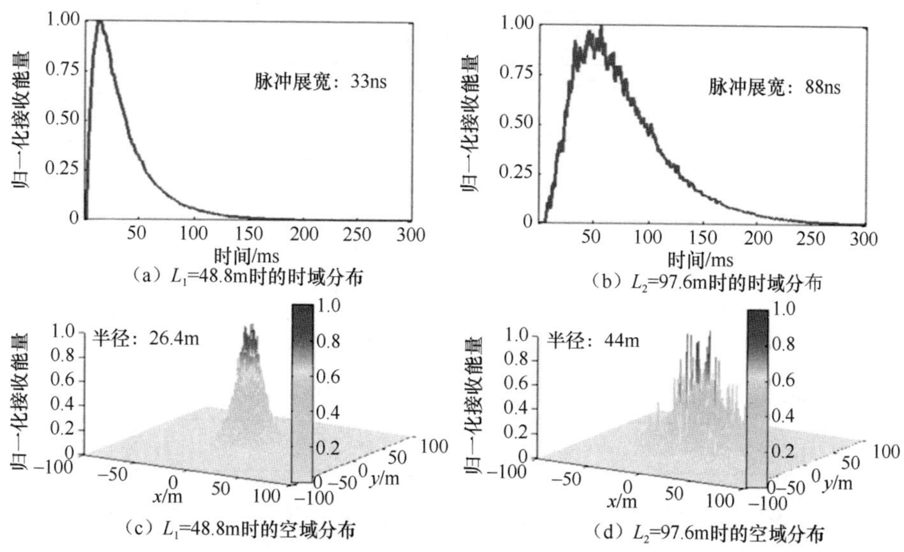

图 3-10　在参考距离 L_1 和 L_2 上的时域和空域分布

利用计算式计算最大通信距离。根据接收机的参数，可以从数据文件中提取出两个参考距离上的能量和脉冲展宽，分别为 5.6×10^{-11}J 和 2ns、8.0×10^{-15}J 和 6ns。据此可以计算出能量衰减系数和脉冲展宽增加系数，分别为 0.183m^{-1} 和 0.030ns/m。最后将获得的参数代入计算式，即可获得最大通信距离，为 83.6m，实验结果与仿真结果相差 2.6%。仿真结果与实验结果基本吻合，证明提出的半解析半 MC 方法是有效的。半解析半 MC 方法的初始参数、中间变量和计算结果如表 3-4 所示。

表 3-4　半解析半 MC 仿真方法的初始参数、中间变量和计算结果

分类	参数	值
初始参数	衰减系数 c	0.51m^{-1}
	单次反照率 ω	0.81
	不对称因子 g	0.924
中间变量	参考距离 1　L_1	48.3m
	参考距离 2　L_2	96.6m
	参考距离 1 上的能量比 $E_{L1\_\text{MC}}/E_{\text{T}\_\text{MC}}$	5.6×10^{-10}
	参考距离 2 上的能量比 $E_{L2\_\text{MC}}/E_{\text{T}\_\text{MC}}$	8.0×10^{-15}
	参考距离 1 上的脉冲展宽 τ_{L1_MC}	2ns
	参考距离 2 上的脉冲展宽 τ_{L2_MC}	6ns
	能量随距离增加的衰减系数 k_E	0.183m^{-1}
	脉宽随距离增加的增长系数 k_T	0.03ns/m
最终结果	半解析半 MC 方法获得的最大通信距离 $L_{\max}$	83.6m
	实验获得的最大通信距离	85.8m
	偏差	2.6%

实验结果与仿真结果的差别主要源于：仿真中使用的水质参数可能并不严格等于实验参数；实验中，水池底部以及四周的反射未在仿真中考虑；在式（3-10）中，将发射的激光脉冲和冲激响应都近似为高斯函数，而实际上其线形更加接近 Gamma 函数[10]。

3.3 新型马尔可夫链MC仿真

MC 方法基于单个光子包的蛮力追踪，运算耗时较长，并且在接收到的光子包个数较少时，精度较差。直观上讲，如果能够直接追踪光子包的统计规律而非单个光子包，那么仿真时间应该可以显著降低。基于这种思路，本节提出将马尔可夫链引入水下光传输仿真中，下面详细说明[11]。

3.3.1 马尔可夫链

马尔可夫链是一种时间和状态都是离散的无记忆随机过程。在离散的时间集 $T=\{0,1,2,\cdots\}$ 上，其状态分布可表示为 $\{X_n=X(n),n=0,1,2,\cdots\}$ 。如果某个随机过程的状态空间记为 $I=\{a_1,a_2,\cdots\}$ ， $a_1\in\mathbf{R}$ ，则无记忆性表示为恒等式

$$P\left\{X_{n+1}=a_j|X_1=a_{t1},X_2=a_{t2},\cdots,X_n=a_i\right\}=P\left\{X_{n+1}=a_j|X_n=a_i\right\} \tag{3-18}$$

即在 $n+1$ 时刻的状态仅与 n 时刻的状态有关，与 n 时刻之前的状态无关。将条件概率 $P\left\{X_{n+1}=a_j|X_n=a_i\right\}$ 记作 P_{ji} ，则矩阵

$$\boldsymbol{M}_{\mathrm{T}}=\begin{bmatrix} P_{11} & \cdots & P_{1i} & \cdots \\ \vdots & \vdots & \vdots & \vdots \\ P_{j1} & \cdots & P_{ji} & \cdots \\ \vdots & \vdots & \vdots & \vdots \end{bmatrix} \tag{3-19}$$

即可用来表示前后两个相邻状态之间的转移，矩阵 $\boldsymbol{M}_{\mathrm{T}}$ 也被称作状态转移概率矩阵，简称转移矩阵。如果某一时刻 n 的状态概率分布用列矩阵 $\boldsymbol{X}_n$ 表示，下一时刻 $n+1$ 的状态概率分布用列矩阵 $\boldsymbol{X}_{n+1}$ 表示，则

$$\boldsymbol{X}_{n+1}=\boldsymbol{M}_{\mathrm{T}}\boldsymbol{X}_n \tag{3-20}$$

利用转移矩阵，也可以方便地获得此后 $n+m$ 时刻的概率分布

$$X_{n+m} = (M_{\mathrm{T}}{}^{m})X_n \tag{3-21}$$

由于马尔可夫链具有简单易懂、对状态过程预测良好等特点，目前已经广泛应用于统计学、金融学和生物学等诸多领域。

3.3.2 状态转移矩阵

在MC仿真中，采用了光子包的概念，将激光与水的相互作用当作光子包与粒子的碰撞。在此依然采用光子包和碰撞这两个概念。为了验证马尔可夫链的有效性，将运算结果与MC仿真进行对比。

激光在水下传输时，信道被认为是时不变的，因此可以利用马尔可夫链描述光子角度的转移。光子包在水下传输时，如果碰撞，则光子包的传输方向会发生变化。转移矩阵 M_{T} 用来描述光子包碰撞前后传输方向的改变。首先将角度离散化，这里将极化角 θ 均分为 $n=500$ 份，每份为 $\pi/500$ 。之所以选择 $n=500$ ，是因为根据计算结果，继续增大 n 并不能明显提高仿真精度，但是会显著增加运算时间。离散化后，光子包的传输方向可以用一个 $n \times 1$ 向量表示。此时，M_{T} 为 $n \times n$ 矩阵，其中矩阵元素 P_{ji} 表示碰撞前传输方向为 $\theta=\theta_i$, $(i-1)\pi/N \leqslant \theta_i < i\pi/N$ ，碰撞后传输方向变为 $\theta=\theta_j, (j-1)\pi/N \leqslant \theta_j < j\pi/N$ 的概率。转移矩阵仅与相函数有关，相函数可以采用各种分布，甚至是测量值。HG体积散射函数简洁且容易编程，用于MC仿真，故在此选取HG体积散射函数作为相函数，不对称因子 $g=0.924$ 。值得注意的是，相函数是相对局域坐标系而言的，而传输方向是基于全局坐标系的，因此散射后的角度要由局域坐标系转移到全局坐标系。P_{ji} 的计算式为

$$P_{ji} = \int_{(j-1)\pi/N}^{j\pi/N} \mathrm{d}\theta \int_0^{2\pi} \frac{(1-g^2)}{2\pi} \frac{1}{\left[1-2g(\sin\theta\cos\varphi\sin\theta_i)+\cos\theta\cos\theta_i+g^2\right]^{3/2}} \frac{\sin\theta}{2} \mathrm{d}\varphi \tag{3-22}$$

图3-11（a）给出了 M_{T} 的三维图。可见，对于不同的 i ，P_{ji} 的最大值总是出现在 $i=j$ 的位置，即碰撞后光子包在原传输方向上的概率最高，表现为明显的前向散射特性。图3-11（b）给出了 M_{T}^{15} 的三维图，经过15次碰撞后，光子包角度趋于弥散。

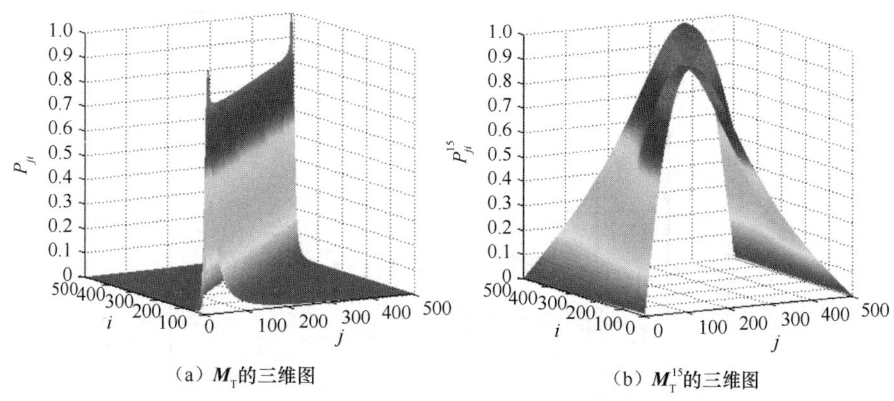

（a）$\boldsymbol{M}_{\mathrm{T}}$的三维图　　（b）$\boldsymbol{M}_{\mathrm{T}}^{15}$的三维图

图 3-11　转移矩阵的三维图

3.3.3　角度分布

利用转移矩阵可以方便地获得碰撞次数 $n_{\mathrm{c}} = k$ 时的角度分布

$$P(\theta|n_{\mathrm{c}} = k) = \boldsymbol{M}_{\mathrm{T}}^{k} \times \boldsymbol{M}_{\mathrm{i}} \tag{3-23}$$

其中，$\boldsymbol{M}_{\mathrm{i}} = [1, 0, \cdots, 0]'$ 为初始光子包的角度分布。

归一化的角度分布随碰撞次数的变化如图 3-12 所示，展示了当光子包沿 z 轴入射时，碰撞次数 n_{c} 分别为 1、5、15、30 时的角度分布。为了验证通过马尔可夫链方法获得的结果的有效性，将计算结果与 MC 仿真结果进行对比。由图 3-12 可知，利用两种方法获得的角度分布是一致的。由图 3-12 中的局域放大图可知，MC 仿真结果随机性明显，而利用马尔可夫链方法获得的结果更加平滑。当碰撞次数增加时，角度分布趋向于正弦函数，表明激光趋于弥散。两种方法所获得结果的一致性是符合预期的，因为从理论上讲，MC 方法和马尔可夫链方法是对同一种现象的不同解释。而且，两种方法的一致性并不会依赖具体选择的相函数。

需要指出的是，MC 仿真的光子包个数为 10^7 个。虽然增加仿真的光子包个数可以使曲线更加平滑，但计算时间也会相应增加。比较而言，MC 仿真耗时较长，明显高于马尔可夫链方法。并且，马尔可夫链方法耗时最多的部分是 $\boldsymbol{M}_{\mathrm{T}}$ 的计算，$\boldsymbol{M}_{\mathrm{T}}$ 仅与相函数有关，一旦获得就可以重复使用，而 MC 仿真在碰撞次数改变时，需要从头开始计算。

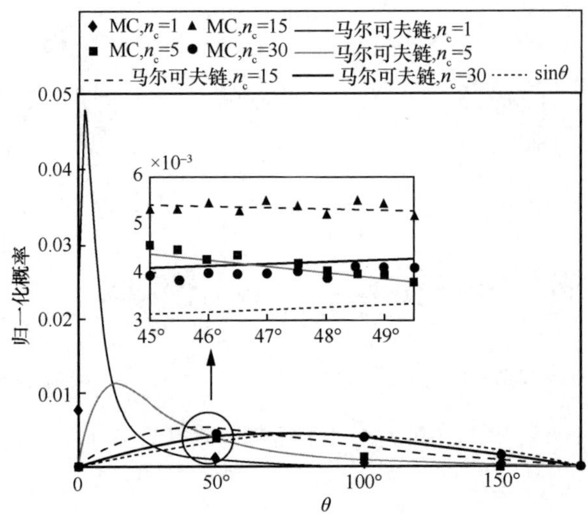

图 3-12 归一化的角度分布随碰撞次数的变化

3.3.4 接收面上的能量

进行 MC 仿真时，激光传输时的能量损失可以归结为两个原因：光子包能量损耗，光子包碰撞之后的能量衰减为单次反照率与上一时刻能量的乘积；光子包个数损耗，部分光子包被吸收。计算接收面上的能量时仅需要将所有到达接收面的光子包的能量累加。同样地，我们也可以利用马尔可夫链方法获得接收面上的能量。在利用马尔可夫链方法时，光子包能量的损耗依然可以用单次反照率表示，而光子包个数的减少则可以通过累加保持前向传输的概率获得。因此，利用马尔可夫链方法计算接收面上的能量可以按照如下 4 步完成。① 将光子包按照碰撞次数分为不同的部分，当传输距离 $D_T = L$ 时，发生 $n_c = k$ 次碰撞的概率用变量 $P(n_c = k|D_T = L)$ 表示；② 对于碰撞次数 $n_c = k$ 的光子包，可以获得其保持前向传输的概率 $R(n_c = k)$ ，称为前向散射接收概率；③ 将 $P(n_c = k|D_T = L)$ 、$R(n_c = k)$ 、ω^k 相乘，即可获得碰撞次数 $n_c = k$ 的光子包的能量；④ 将所有碰撞次数的光子包相加，即可得到接收面上的能量。下面详细说明。

参考文献[12]中将碰撞次数分布 $P(n_c = k|D_T = L)$ 近似为泊松分布，其均值 $\tau = Lc$ 。实际上，这种假设只有在 $g = 1$ 时才严格成立。当 $g \neq 1$ 时，光子包碰撞之

后传输方向发生偏离，等效于从发射机到接收机之间光子包传输距离增加。通过比较发现，均值为 Lc/g 的泊松分布更加接近 MC 方法获得的碰撞次数分布情况。

$$P(n_c = k|D_T = L) = \frac{(\tau/g)^k}{k!}\exp(-\tau/g) \tag{3-24}$$

前向散射接收概率 $R(n_c = k)$ 指的是光子包碰撞之后保持前向传输的概率，即 $0 < \theta < \pi/2$ 的概率，可知

$$R(n_c = k) = \sum_{j=1}^{N/2} P(\theta = \theta_j|n_c = k) \tag{3-25}$$

由于 $P(n_c = k|D_T = L)$ 为 D_T=L 时光子包碰撞次数 $n_c = k$ 的概率，$R(n_c = k)$ 为碰撞次数 $n_c = k$ 时光子包能到达接收面的概率，因此两者乘积 $P(n_c = k|D_T = L)R(n_c = k)$ 为光子包中碰撞 $n_c = k$ 次后还能到达接收面的概率。传输距离 D_T 不同时，利用 MC 方法和马尔可夫链方法获得的接收面上光子包碰撞次数的概率分布如图 3-13 所示。其中，“MCRT”指的是利用 MC 方法获得的分布，“Poisson”指的是利用式（3-24）获得的分布，“Markov”指的是利用马尔可夫链方法获得的分布。即“Poisson”和“Markov”的区别在于，前者为光子包的分布，后者为到达接收面的光子包的分布。由图 3-13 可知，利用 MC 方法和利用马尔可夫链方法获得的碰撞次数概率分布曲线很接近，在传输距离 D_T 分别为 20m、30m、40m 和 50m 时 2 种仿真方法的相关系数分别为 0.9962、0.9953、0.9946 和 0.9925，同时可以看出，随着传输距离增加，二者的差异逐渐增大。

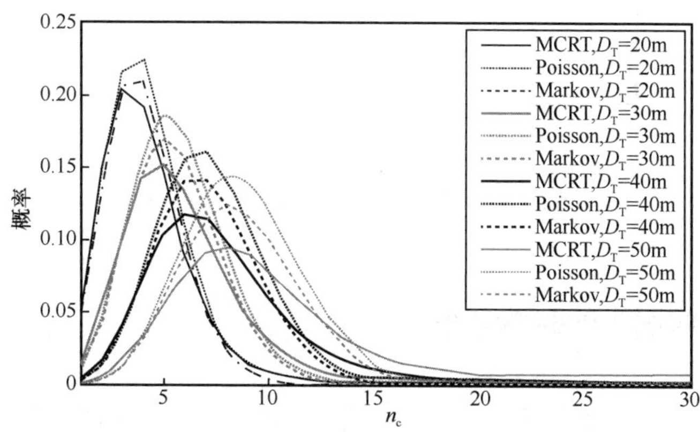

图 3-13　接收面上光子包碰撞次数的概率分布

将不同碰撞次数的光子包按照能量进行累加即可获得接收面上的能量，即

$$E_{\mathrm{R}}=\sum_{k=0}^{\infty}E_{\mathrm{RP}}(n_{\mathrm{c}}=k,D_{\mathrm{T}}=L) \tag{3-26}$$

其中，$E_{\mathrm{RP}}(n_{\mathrm{c}}=k,D_{\mathrm{T}}=L)$表示碰撞次数$n_{\mathrm{c}}=k$的光子包的能量份额。

$$E_{\mathrm{RP}}(n_{\mathrm{c}}=k,D_{\mathrm{T}}=L)=P(n_{\mathrm{c}}=k|D_{\mathrm{T}}=L)R(n_{\mathrm{c}}=k)\omega^{k} \tag{3-27}$$

利用 MC 方法和马尔可夫链方法获得的接收面上的能量随传输距离的变化如图 3-14 所示，其中E_{T}为发射的激光能量。在此仅考虑了碰撞次数$n_{\mathrm{c}}\leqslant k$的贡献，而忽略了更高碰撞次数的贡献。这是因为，当碰撞次数$n_{\mathrm{c}}>k$时，由于单次反照率的存在，其贡献可以忽略。由图 3-14 可知，两种方法获得能量非常接近，当传输距离D_{T}分别为 20m、30m、40m 和 50m 时能量误差分别为 3.14%、1.99%、0.31%和 3.38%。

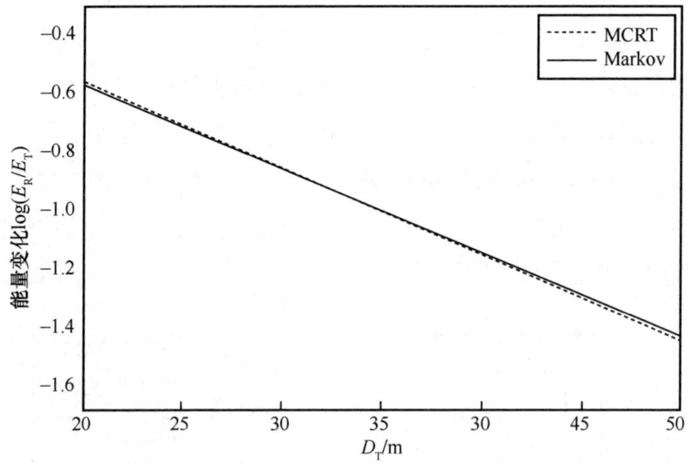

图 3-14　接收面上的能量随传输距离的变化

3.3.5　接收面上的时域分布

马尔可夫链不能直接用于计算接收面上的时域分布。其原因是，时域分布指的是光子包从发射到接收整条传输路径上耗时的分布情况，但由于散射效应，光

子包的传输路径是不确定的。为了解决这个问题，本节提出了一个简单的模型：等传输距离分层模型。应用这个模型，可以获得接收面上的时域分布。计算过程分为 4 步，依次为分层、计算各层光子包的传输时延概率密度函数、卷积、累加。以下详细说明。

（1）分层。如果一个光子包，从发射点到接收点总共经历了 $n_c = k$ 次碰撞，则将整个传输距离分为 $k+1$ 层。简便起见，设所有的碰撞都发生在层与层的交界面上。各层的厚度需要满足以下两个等式。

$$\sum_{i=0}^{k} D_i(n_c = k, D_T = L) = L \tag{3-28}$$

$$D_i(n_c = k, D_T = L)\overline{1/\cos(n_c = i)} = C \tag{3-29}$$

其中，$D_i(n_c = k, D_T = L)$ 表示在碰撞次数 $n_c = k$ 、传输距离 $D_T = L$ 时第 i 层的厚度，$i = 0,1,2,\cdots,k$ ；C 是一个常数，对于固定的碰撞次数和传输距离，C 是恒值。

$$\overline{1/\cos(n_c = i)} = \frac{\sum_{j=1}^{N/2} P(\theta = \theta_j | n_c = i)(1/\cos\theta_j)}{\sum_{j=1}^{N/2} P(\theta = \theta_j | n_c = i)} \tag{3-30}$$

式（3-28）的意义比较直观，即所有层的厚度加起来等于总的传输距离。利用图 3-15 说明式（3-29）的意义。以 $n_c = 1$ 为例加以说明。这时，整个传输距离需要分为两层。第一层和第二层的厚度分别用 $D_0(n_c = 1, D_T = L)$ 和 $D_1(n_c = 1, D_T = L)$ 表示。光子包从发射点 O 发出后，沿 z 轴传输到碰撞点 A。明显地，光子在第一层中的传输距离就是 OA。在 A 点发生碰撞之后，如果光子包沿着 $\theta = \theta_j$ 方向传输，那么它在第二层的传输距离就是 $D_1(n_c = 1, D_T = L)/\cos\theta_j$ 。而实际上，光子包碰撞之后，其可能散射到各个方向上。新的传输方向满足角度分布 $P(\theta = \theta_j | n_c = 1)$ 。此时，其传输距离的均值可表示为 $D_1(n_c = 1, D_T = L)\overline{1/\cos(n_c = 1)}$ ，$\overline{1/\cos(n_c = 1)}$ 表示碰撞后散射角余弦倒数的加权平均值。如果在接收面上选择一个点 B，使距离 AB 正好等于 $D_1(n_c = 1, D_T = L)\overline{1/\cos(n_c = 1)}$ 。那么式（3-28）就可表示为 $OA=AB$，即光子包在两个层中的平均传输距离是相等的。这也是该分层模型被命名为等传输距离分层模型的原因。

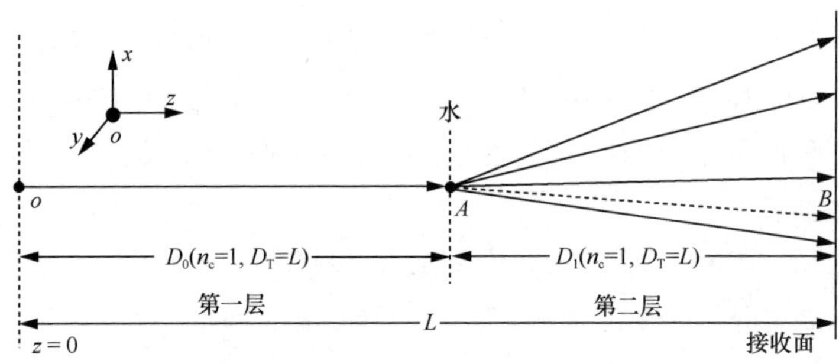

图 3-15 等传输距离分层模型示意

（2）计算各层光子包的传输时延概率密度函数。根据获得的分层厚度以及在此层中传输时光子的角度分布，可以获得此层中光子传输的时延分布，即

$$P\left[t=t_{ji}(n_c=k,D_T=L)\right]=\frac{P(\theta=\theta_j|n_c=i)}{\sum_{j=1}^{N/2}P(\theta=\theta_j|n_c=i)} \tag{3-31}$$

其中，$i=0,1\cdots,k$，$j=0,1,\cdots,N/2$；$t_{ji}(n_c=k,D_T=L)$ 表示在第 i 层中，当光子沿着 $\theta=\theta_j$ 方向传输时的时延。

$$t_{ji}(n_c=k,D_T=L)=\frac{nD_i(n_c=k,D_T=L)}{c_v\cos\theta_j} \tag{3-32}$$

其中，n 为水的折射率，c_v 为真空中的光速。如果将式（3-31）乘以冲激函数 $\delta[t=t_{ji}(n_c=k,D_T=L)]$（简写为 $\delta(t=t_{ji})$），即可获得该层中的传输时延概率密度函数 $T_{DPi}(n_c=k,D_T=L)$。

$$T_{DPi}(n_c=k,D_T=L)=\sum_{j=0}^{N/2}P[t=t_{ji}(n_c=k,D_T=L)]\delta(t=t_{ji}) \tag{3-33}$$

（3）卷积。对于碰撞次数 $n_c=k$ 的光子包，通过卷积其各个层中的 $T_{DPi}(n_c=k, D_T=L)$（简写为 T_{DPi}），可以获得其整体的传输时延概率密度函数 $T_{DP}(n_c=k, D_T=L)$，即

$$T_{DP}(n_c=k,D_T=L)=T_{DP0}\otimes T_{DP1}\otimes\cdots\otimes T_{DPk} \tag{3-34}$$

作为一个例子，碰撞次数为 5 时，计算光子包的传输时延概率密度函数的卷积过程如图 3-16 所示。其中，左上角的 $T_{DP0}(n_c=5,D_T=50\text{m})$ 表示光子包在第一层中的传输时延。由于在第一层，光子包并没有发生碰撞，因此不会出现到达时间的发

散。在图 3-16 中，去掉了固定的时延 nL/c_v，其零时刻表示未经碰撞的光子包到达接收面的时刻。

（4）累加。将具有不同碰撞次数的所有光子包的时域分布按照能量加权求和，即可获得最终接收面上的时域分布 $T_D(D_T = L)$。

$$T_D(D_T = L) = \sum_{k=0}^{\infty} T_{DP}(n_c = k, D_T = L) E_{RP}(n_c = k, D_T = L) \tag{3-35}$$

类似于第 3.3.4 节，在此仅考虑碰撞次数 $n_c < 29$ 的光子。计算 $T_D(D_T = 50\text{m})$ 的累加过程如图 3-17 所示。作为一个例子，图 3-17 仅给出了当碰撞次数 $n_c = 0$、$n_c = 1$ 以及 $n_c = 5$ 时的传输时延概率密度函数。图 3-17 中，$T_{DP}(n_c = 0, D_T = 50\text{m})$ 表示未发生碰撞的光子包的传输时延，因此该光子包不会出现到达时间的发散。

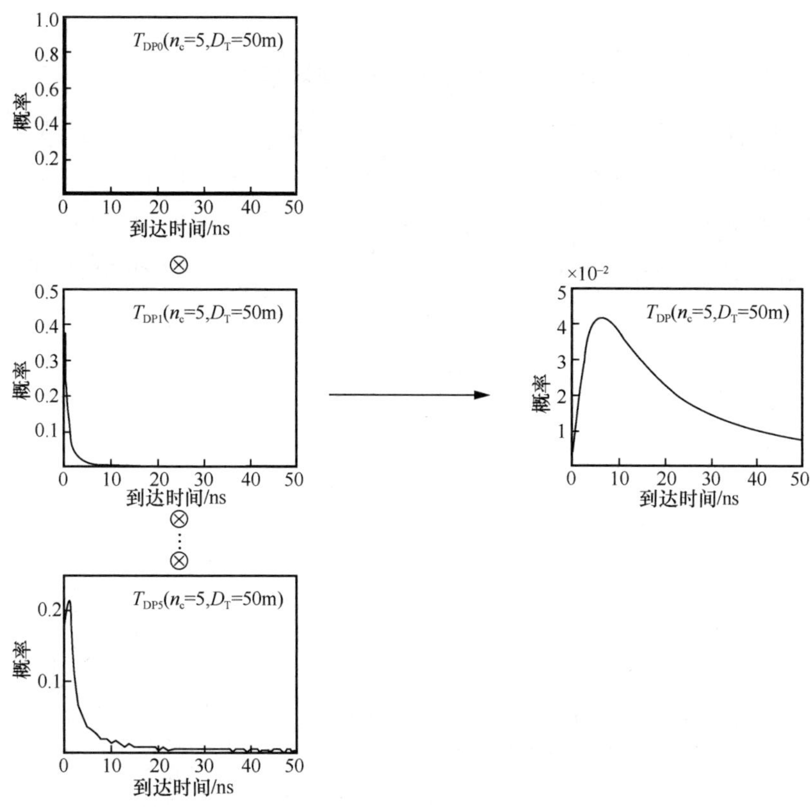

图 3-16　碰撞次数为 5 时，计算光子包的传输时延概率密度函数的卷积过程

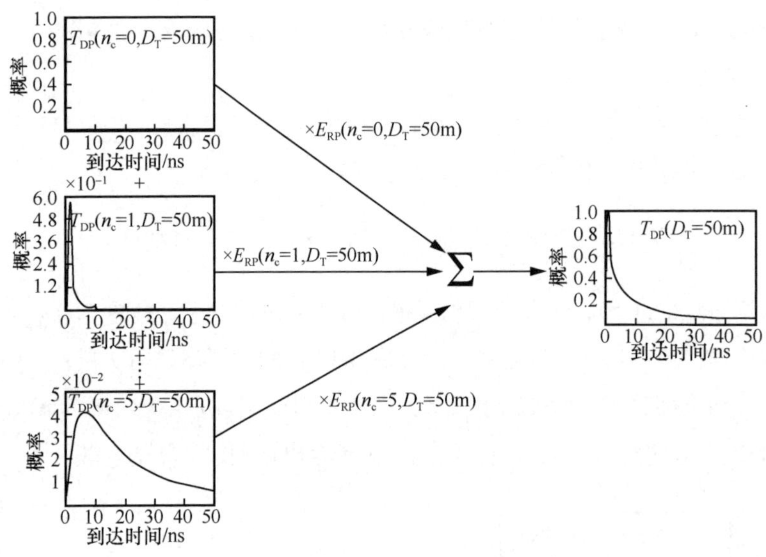

图 3-17　计算 $T_D(D_T = 50m)$ 的累加过程

利用 MC 方法和利用马尔可夫链方法获得的不同传输距离上的时域分布如图 3-18 所示。其中，传输距离 D_T 分别为 20m、30m、40m 和 50m。可以看出，利用这两种方法获得的结果相似度很高。在传输距离 D_T 分别为 20、30、40 和 50m 时，相关系数分别为 0.9971、0.9838、0.9814 和 0.9792。两种方法所获得结果的差别主要来源于碰撞次数分布的不同，以及提出的等传输距离分层模型较为简单。

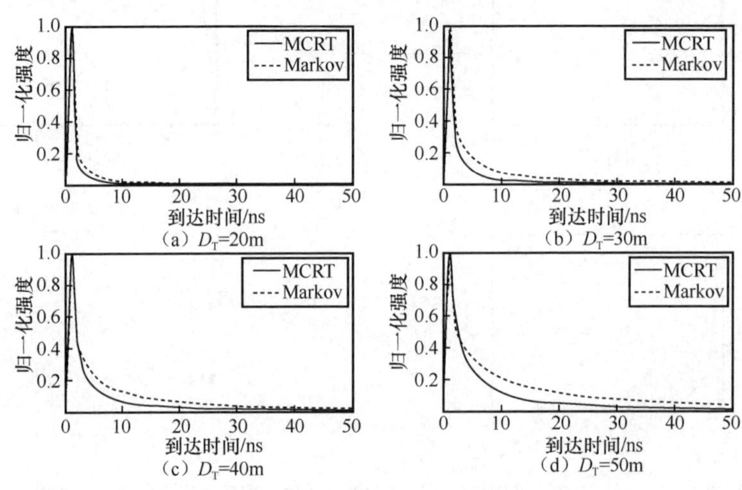

图 3-18　不同传输距离上的时域分布

对 MC 方法和马尔可夫链方法计算时域分布的耗时进行比较。程序在一台普通计算机上运行，其 CPU 为 3.40GHz 主频的 Intel(R) Core(TM) i7-4700，内存为 8GB。当进行 MC 仿真时，对于 20m、30m、40m 和 50m 的传输距离，运行耗时分别为 1562s、2348s、3164s 和 3954s。当传输距离改变时，MC 方法需要从头开始运行。而当采用马尔可夫链方法时，所有通信距离上的仿真耗时都为 272s。在这 272s 的运行时间中，有 260s 是计算转移矩阵的耗时。实际上，转移矩阵只需要计算一次。因此，一旦获得转移矩阵后，利用马尔可夫链方法计算时域分布仅需要 12s。

本章所述马尔可夫链方法属于其在水下信道仿真计算中的创新应用，依然具有一些不完善的地方。一是，马尔可夫链方法相比 MC 方法，比较难以理解，运算过程也较为复杂。二是，在计算能量和时域分布时，仅给出了整个接收面上的情况。对于具有特定几何尺寸和视场角的接收机面积范围内的分布，还不能直接利用马尔可夫链方法计算仿真获得。因此，对于马尔可夫链在水下光传输方面的应用还需要进一步的研究。

参考文献

[1] GABRIEL C, KHALIGHI M A, BOURENNANE S, et al. Monte-Carlo-based channel characterization for underwater optical communication systems[J]. Journal of Optical Communications and Networking, 2013, 5(1): 1-12.

[2] PETZOLD T J. Volume scattering functions for selected ocean waters[R]. 1972.

[3] MOBLEY C D, SUNDMAN L K, BOSS E. Phase function effects on oceanic light fields[J]. Applied Optics, 2002, 41(6): 1035-1050.

[4] HENYEY L C, GREENSTEIN J L. Diffuse radiation in the galaxy[J]. The Astrophysical Journal, 1941, 93: 70.

[5] TOUBLANC D. Henyey-Greenstein and Mie phase functions in Monte Carlo radiative transfer computations[J]. Applied Optics, 1996, 35(18): 3270-3274.

[6] COX W C. Simulation, modeling, and design of underwater optical communication systems[D]. Raleigh: North Carolina State University, 2012.

[7] MOORADIAN G. Undersea laser communications is a “game-changer” for the US navy, so how do we make the promise a reality?[C]//Proceedings of the 2012 IEEE Photonics Society Summer Topical Meeting Series. Piscataway: IEEE Press, 2012: 71-72.

[8] LERNER R M, SUMMERS J D. Monte Carlo description of time- and space-resolved multiple forward scatter in natural water[J]. Applied Optics, 1982, 21(5): 861-869.
[9] 周亚民, 刘启忠, 张晓晖, 等. 一种激光脉冲水下传输时域展宽模拟计算方法[J]. 中国激光, 2009, 36(1): 143-147.
[10] MOORADIAN G C, GELLER M. Temporal and angular spreading of blue-green pulses in clouds[J]. Applied Optics, 1982, 21(9): 1572-1577.
[11] ZHOU T H, MA J, LU T T, et al. Simulation and verification of pulsed laser beam propagation underwater using Markov chains[J]. Chinese Optics Letters, 2019, 17(10): 100003.
[12] LUTOMIRSKI R F, CIERVO A P, HALL G J. Moments of multiple scattering[J]. Applied Optics, 1995, 34(30): 7125-7136.

第4章 水下无线光通信系统

UWOC 具有通信速率高、传输距离长、电磁兼容性好等诸多优点，相比于水下射频通信和水声通信具有独特优势，并且应用场景广泛。为了充分发挥 UWOC 的长处，许多研究人员围绕 UWOC 系统架构开展了深入研究。本章将对 UWOC 系统中的关键技术进行详细介绍，主要包括 UWOC 系统架构、发射机、接收机、调制技术、编码技术。

4.1 UWOC 系统架构

水下无线光通信是利用光作为载体在水下进行信息传输的一种通信方式。系统的通信过程如下。首先，系统发射端的信息经过发射机的编码器进行编码，编码后的信息经过调制后通过驱动电路驱动光源发出光信号，光信号经过发射光路发送出去；光信号经水下信道传输后到达接收机；接收机的光学透镜接收天线将采集到的光信号汇聚到光电转换器件，经探测器的光电转换后光信号转换为电信号，经过一系列的信号处理过程再经过解调器与译码器进行对应的解调与译码，最后接收端收到信息。UWOC 系统架构如图 4-1 所示。

一个完整的 UWOC 系统主要可分为 3 个部分：信源（发射机）、通信信道与信宿（接收机）。发射机部分主要包括光源以及光的调制器等模块。在光通信系统中，光源是一个关键的器件，采用的光源要容易调制，同时产生的能量要集中在一个很小的波长范围内。光通信系统中经常采用的光源有发光二极管（LED）、激光二极管（LD）和激光器，对这些器件的详细描述在第 4.2 节给出。将信息调制到光载波上有不同的方式，自由空间光通信常采用频率调制（FM）和相位调制（AM）等，在 UWOC 系统中，光源的调制主要有强度调制和相位调制等方式，对常用的几种调制方式的比较分析将在第 4.4 节中详细介绍。信息通过发射端的调制将光载波以光束的形式通过信道进行传输，由于干扰和设备故障等因素，传输的信息容易遭到破坏，在接收端则会造成错误的解调判决，即产生差错，为了提高信息传输的可靠性，抵抗信道中的噪声干扰等影响，通信系统中会采取差错控制的方式检测出发生错误的符号并进行纠错，即采用信道编码的方式来提高通信系统的传输质量，对于 UWOC 中采用的几种编码方式的分析将在第 4.5 节中进行阐述。第 4.3 节对 UWOC 系统中另外一个重要的组成部分，即接收机进行了简要介绍，详细介绍将在第 6 章给出。接收机用于收集入射的光束并进行处理，以及解调译码恢复传输的信息，典型的接收机部分包括接收前端、探测器以及后续的处理模块，其中接收前端通常是一些聚光器件，如透镜、滤光片等。接收前端的光学天线将接收到的光进行滤波，减少背景光的影响，再经过聚焦，使入射光聚焦到探测器上，探测器将光信号转换为电信号，常用的探测器有光电二极管以及光电倍增管等，接收机的信号处理模块将探测器输出的电信号进行解调译码等一系列的处理，最终还原出信息。

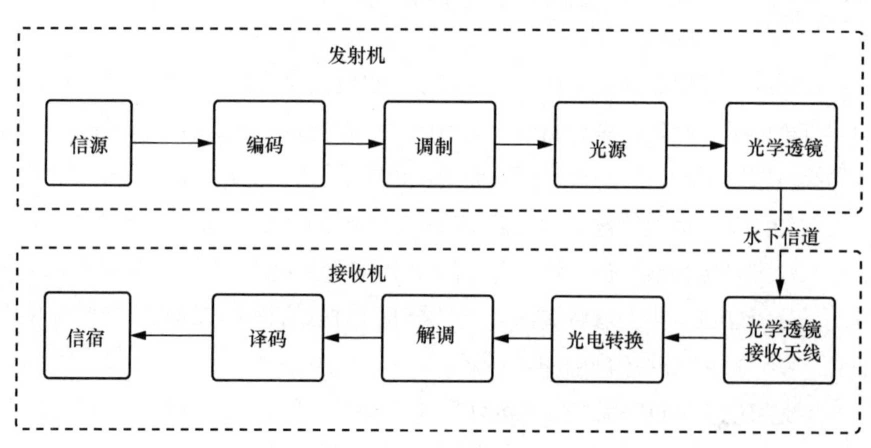

图 4-1 UWOC 系统架构

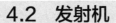

4.2 发射机

水下无线光通信发射机原理是利用电信号幅度控制光信号强度，即需要实现电信号到光信号的转换。发射机的基本元件包括以下 3 个：光源，一般采用蓝绿光，在水中的损耗较小；发射光路，将光束准直并发射到水中传输；光束控制单元，控制光源的发射角并调整光传输指向。在发射机中，光源的选择尤为重要，目前可采用的蓝绿光源主要有 LED、LD 和激光器 3 种，各自具有不同的特点，下面对 LED、LD 和激光器的原理及相关特性进行简要介绍。

4.2.1 发光二极管

LED 广泛应用于日常生活中，具有生产成本低、功耗低、寿命长和对人眼安全等优势。其原理与一般二极管类似，同样具有正向导通、反向截止的特性，但 LED 还具有电致发光的特性。LED 由 P 型半导体和 N 型半导体构成，以上两种半导体同时含有空穴和自由电子两种载流子，其中 P 型半导体中空穴占绝大多数，N 型半导体中自由电子占绝大多数，同时在两种半导体中间通过一个称为 PN 结的过渡层连接。在没有施加电压的情况下 LED 处于平衡状态，此时不能导电。当给 LED 两端加入正向电压后，LED 平衡状态被打破，P 型半导体中的空穴和 N 型半导体中的自由电子朝着位于中间的 PN 结相向流动，发生自由电子和空穴的复合现象。由于 LED 存在导带和价带两种能带（导带和价带之间的能隙称为禁带），处于导带的自由电子相比处于价带的空穴具有更高的能级，当施加足够的能量时，部分电子会跃迁到导带，形成自由电子，同时留下空位在价带中，形成空穴，所以会在复合过程中由于能级跃迁而向外辐射能量产生光子，从而形成电致发光。此外，由于 LED 的发光颜色或波长取决于禁带宽度，而采用不同的半导体材料所设计的 LED 的禁带宽度不同，故可以根据需要设计发光颜色不同的 LED，如常见的红光、蓝光、黄光和绿光等。

典型的 LED 伏安特性曲线示意如图 4-2 所示，可以看出，加在 LED 两端的电压与流经 LED 的电流不成正比。电压 V_A 称为开启电压，只有当电压大于 V_A 时 LED

才能正常发光；*AB* 段为 LED 的线性工作区，利用 LED 进行光通信时需要保持电压处于该区间；*CD* 段称为反向击穿区，故当加入大于 V_C 绝对值的反向电压时会损坏 LED。正因为 LED 的非线性伏安特性，发射功率较高时系统工作在非线性区域会使信号波形损坏，产生高次谐波，不利于接收端进行信号恢复。

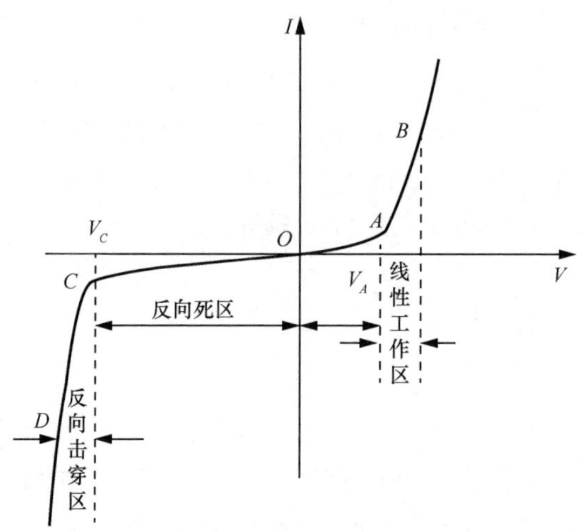

图 4-2　LED 伏安特性曲线示意

由于常用的 LED 响应速度慢，所以调制带宽较低，一般只有几十兆赫，在进行高速光通信时会受到带宽限制。另外，LED 发散角一般较大，所以形成的光斑覆盖范围较大，降低了光通信对准的要求，适合水下短距离传输。考虑其输出功率可达数十瓦，调制速率适中，并且功耗低、价格便宜，LED 作为光源在 UWOC 系统中已经有了成功的应用[1-2]。

4.2.2　激光二极管

LD 也称半导体激光器，是一种光学振荡器。LD 产生激光需要 3 个条件：第一，具备谐振腔，利用谐振腔形成激光振荡；第二，粒子数反转；第三，满足阈值条件。与 LED 不同的是，LED 中空穴与自由电子复合产生光子的行为属于自发辐射，而 LD 是受激辐射，在注入电流的泵浦下产生波长范围从紫外到红外波段的相干辐射。

LD 光束的频率和方向受到谐振腔的限制，所输出的激光具有较高的相干性和方向性。因此，一方面，由于受激辐射的重组时间比自发辐射重组短一到两个数量级，所以 LD 具有超过 GHz 的高调制带宽的独特特征；另一方面，相干和定向的光子使 LD 的发散角仅为几毫弧度，传输中的光能量更为集中，有利于实现更长的传输距离，但相应地提高了通信中的对准要求。此外，LD 具有较高的电流密度和输出功率，但其光学特性和性能老化在很大程度上取决于温度，所以 LD 通常与冷却系统一起工作，以避免寿命降低，而且阈值电流和输出功率会随着温度的变化而发生剧烈的变化。

首个半导体激光器是于 1962 年问世的 GaAs 半导体激光器[3-4]。半导体激光器的辐射波长取决于半导体材料异质结结构禁带能级宽度，直到 1991 年，才出现采用 ZnSe 基底II-VI族量子阱异质结结构的蓝绿光半导体激光器，但其工作温度要求在 77K 以下，输出波长为 490nm[5]。1995 年，Okuyama 等[6]利用 ZnSe/ZnMgSSe 半导体激光器，实现了波长为 471nm 的蓝光输出。

随着半导体材料制备技术和工艺的持续发展，具有禁带能级宽度大、电子迁移率高、热导率高的半导体 III-V 族氮化物——氮化镓（GaN）基质材料，迅速成为研发直接输出蓝绿光的半导体激光器的主流材料。尽管 GaN 基质材料的直接带隙能级是 3.39eV，但是通过调节 GaN、AlGaN、AlGaInN 等组分材料的不同配比，可以获得氮化物半导体材料 0.7～6.2eV 的连续可调带隙能级，这为蓝绿光半导体激光器获得高功率输出奠定了理论基础。随后，蓝绿光半导体激光器进入快速发展期。首先，在绿光半导体激光器方面，20 世纪 90 年代，日本 Nichia 公司科学家通过对高铟掺杂的量子阱材料外延及波导结构优化，实现氮化镓铟（InGaN）半导体激光器波长为 525nm、平均功率为 2mW 的绿光发射[7]。21 世纪初，国际上出现了第一个 TO 封装、具有真正实用意义的 InGaN 绿光半导体激光器，其输出波长为 515～530nm[8]。2012 年，市场上出现了使用寿命超过万小时的长寿命绿光半导体激光器，输出中心波长为 519nm，最大输出功率达到百毫瓦级[9]。鉴于绿光半导体激光器在输出高功率方面存在很大的技术挑战，直到 2013 年，国际上才出现输出功率达到瓦级的绿光半导体激光器的报道，输出中心波长为 525nm[10]。目前，半导体激光器如果想获得更高功率的绿光输出，通常需要采用光束合成技术实现。

在蓝光半导体激光器方面，以 InGaN 量子阱作为有源层的 GaN 基半导体激光器的发射波长一般局限于蓝紫光波段[11]，Nakamura 等[12]采用 GaN 半导体基质材料，成功研制出第一台 InGaN 基多量子阱结构的蓝紫光半导体激光器，输出波长范围缩短至 410～417nm。此后，Nakamura 等[13]成功实现了 InGaN 基单量子阱结构的半导体激光器 450nm 波长的蓝光输出，室温条件下连续波输出功率达到 5mW。胡磊等[14]在输出中心波长为 445nm 的蓝光半导体激光器中，成功获得最大功率分别为 4W 和 2.2W 的脉冲和连续模式的激光输出。

对于蓝绿光半导体激光器而言，随着技术的不断进步，蓝光半导体激光器的斜率效率已达到 1.8W/A，其载流子效率高达 90%。目前，蓝光与绿光半导体激光器输出激光的最大功率已分别超过 5W 和 2W，未来将向更大输出功率、更高可靠性、更长工作寿命方向发展。一个典型的 GaN 基蓝绿光半导体激光器内部结构如图 4-3 所示。

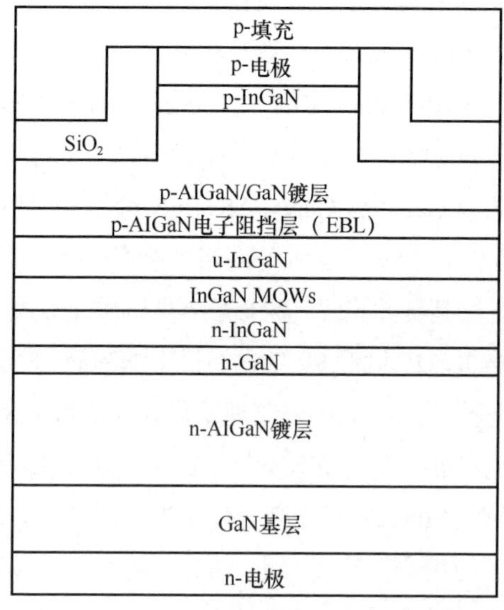

图 4-3　GaN 基蓝绿光半导体激光器内部结构[15]

4.2.3　激光器

在激光应用领域，广义上将输出波长处于 410～560nm 光谱范围内的激光器统称为蓝绿光激光器。蓝绿光激光器按其增益介质的物态通常被分为气体、液体、固体、光纤激光器等。

自 1960 年梅曼发明了第一台红宝石激光器以来，随着激光增益介质新材料的不断涌现和激光技术的不断进步，蓝绿光激光器技术得到了飞速发展，发展出了增益介质种类不同的蓝绿光激光器，包括液体蓝绿光激光器、气体蓝绿光激光器、固体蓝绿光激光器、光纤蓝绿光激光器、准分子蓝绿光激光器等。此外，非线性频率变换技术作为拓展激光增益介质辐射波长的一种补充手段，也已发展为获得蓝绿光波段激光输出的重要手段，并得到广泛的应用。

气体激光器，顾名思义，就是以气体作为激光增益介质的一类激光器，气体激光器由放电管内的激活气体、光学谐振腔和激励源 3 个主要部分组成。其中，作为增益介质的气体可以是原子、分子、离子、准分子、金属蒸气等。输出波长处于蓝绿光波段的典型的气体激光器主要包括氩离子激光器、氦–镉激光器、铜蒸气激光器等，且以连续输出为主。

液体激光器通常是指以溶解有机染料的溶液作为激光增益介质的一类可调谐输出激光器。这种染料激光器往往具有宽广的可调谐范围，可以从紫外波段，到可见光波段，再到近红外波段，其泵浦方式可以是脉冲光泵浦、连续光泵浦，具备获得高脉冲能量蓝绿光输出的能力，但总体转换效率不高。典型的蓝绿光染料激光器是香豆素类染料激光器，输出波长可以在 440～550nm 范围内调谐[16]。

固体激光器以固体材料作为激光增益介质，输出蓝绿光波段激光的激光器统称为蓝绿光固体激光器。其中，以半导体激光作为泵浦源的称为全固态蓝绿光激光器。全固态蓝绿光激光器具有转换效率高、输出功率大、光束质量好和输出稳定等优点，为获得蓝绿光输出，通常利用非线性频率变换技术来实现，这种非线性频率变换技术主要包括二倍频、三倍频、和频及光参量振荡（OPO）4 种基本类型。

以掺杂稀土离子的光纤作为增益介质的激光器统称为光纤激光器。光纤内部的波导结构可以实现高光束质量的激光输出，而较大的表面积/体积比使光纤激光器具有优异的散热性能。光纤激光器的输出波长往往由其掺杂的稀土离子的光物理特性决定。研究发现，掺 Tm^{3+}和 Pr^{3+}等稀土离子的氟化物（典型的如 ZBLAN）玻璃光纤激光器，可以利用频率转换机制获得蓝绿光输出[17-18]，这类蓝绿光上转换光纤激光器的输出波长一般为450～490nm，其增益介质中的基态电子通过连续吸收两个或多个泵浦光光子而跃迁至高激发态能级，然后发射出比泵浦光波长更短的反斯托克斯光子。

4.2.4 光源对比

通过对水下无线光通信常用光源LED、LD和激光器的相关特性进行分析，可以看出三者具有不同的特点，LED、LD和激光器的性能对比如表4-1所示。

表4-1 LED、LD和激光器的性能对比

对比项	LED	LD和激光器
辐射方式	自发辐射	受激辐射
调制带宽	几十兆赫	达到吉赫级
通信距离	短	长
阈值电流	无	较高
光束发散角	大	小
温度依赖性	弱	强
光功率	低	高
成本	低	高

4.3 接收机

接收机的主要功能是探测光信号并将光信号转换为电信号便于后续进行信号处理。接收机中的主要器件包括集光光路和光电探测器，集光光路收集信号光并将其汇聚到探测器上，探测器通过光电转换产生模拟信号。目前常用的光电探测器为PIN型光电二极管、雪崩光电二极管（APD）和光电倍增管（PMT），下面对以上3种光电探测器的工作原理进行简要介绍。

4.3.1　PIN 型光电二极管

PIN 型光电二极管响应速度快、价格低廉、使用方便，但没有内部增益，因此灵敏度较低[19]。PIN 型光电二极管结构如图 4-4 所示，包含 3 种半导体，即 P 型半导体、N 型半导体和 I 型半导体，其中 I 型半导体的作用是通过增大耗尽区的宽度来达到减少自由电子和空穴的扩散运动的目的，进而提高了响应速度。I 型半导体掺杂浓度很低，具有高阻特性，和本征（Intrinsic）半导体特性差不多，故称为 I 型半导体。

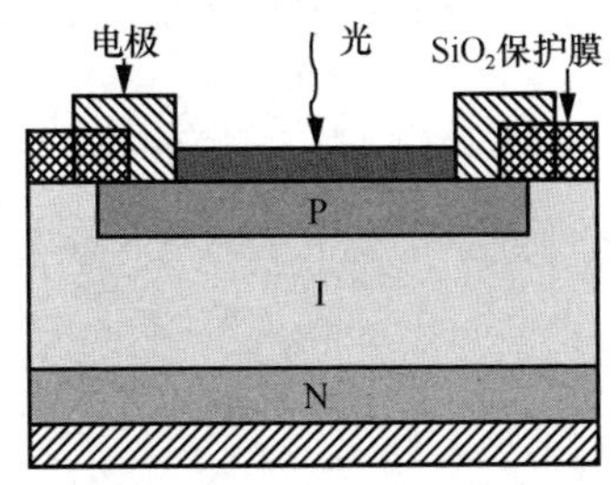

图 4-4　PIN 型光电二极管结构

从图 4-4 中可以看出，I 层宽度很宽，占据了耗尽区的绝大部分区域。在使用过程中须在 P 型半导体和 N 型半导体两端施加反向电压，由于 I 层所具有的高阻特性，所以电场主要集中于 I 层，当有光入射时，光子在 I 层内被吸收后产生电子空穴对，进而将光信号转换为电信号。

PIN 型光电二极管具有成本低、响应速度快和量子效率高等优点，但也存在无内部增益、探测灵敏度较低等局限性。

4.3.2　APD

APD 具有很高的灵敏度，但其灵敏度受偏压影响较大，因此需要对偏压进行精确的控制[20]。APD 也是一种光电探测器，结构如图 4-5 所示。APD 基于 PN 结构成，与 PIN 型光电二极管的不同之处在于 APD 在吸收区 I 层和 N^+层之间插入了薄薄的 P 层，此时变为 P^+IPN^+型结构。APD 可以在内部对光电转换得到的电流进行放大，原因是载流子在耗尽区因碰撞电离而产生了新的电子空穴对，这些载流子在高电场加速下产生蝴蝶效应，引发更多的碰撞电离，类似于雪崩，故能实现光电流的倍增。

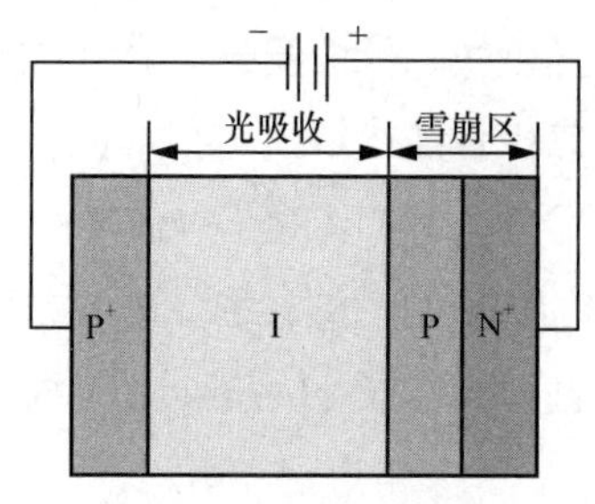

图 4-5　APD 结构

相较于 PIN 型光电二极管，APD 因其倍增效应而具有更高的探测灵敏度，且响应速度较快。然而，由于 APD 需要有高电场，故工作时需要的电压较高。

4.3.3　PMT

PMT 优点是高增益（电流增益为 10^6～10^7）、低噪声、高频响、大集光面积，并且对在紫外–近红外谱段很灵敏。但是 PMT 体积大、价格高、加固困难、耗能多，并且暴露在强光下容易损坏。PMT 是一种高灵敏度的光电探测器，其结构如图 4-6 所示。PMT 的光电转换过程如下：光信号穿过入射窗到达光电阴极，然后利用外光电效应使光电阴极在真空中释放光电子，这些光电子依次经过各个倍增电极后实现电子倍增，最后即可在阳极输出光电转换后得到的电信号。

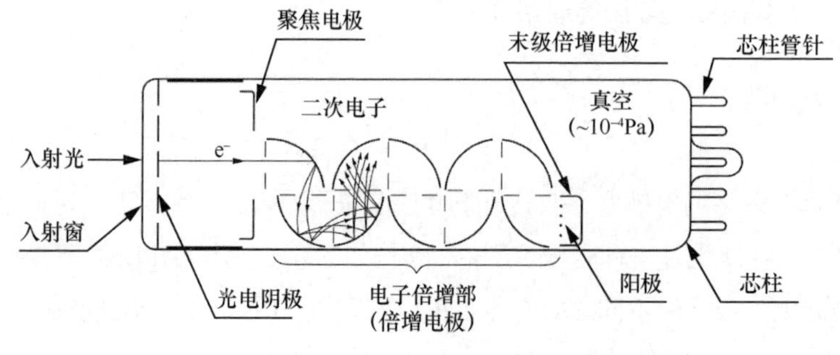

图 4-6　PMT 结构

PMT 相较于 PIN 型光电二极管和 APD 具有更高的探测灵敏度，能够探测极微弱的光信号，并且感光面积较大。但一般的 PMT 体积较大，并且由于灵敏度很高，容易探测外界光信号，引入更多的噪声。

4.3.4　探测器比较

通过对水下无线光通信常用的光电探测器（即 PIN 型光电二极管、APD 和 PMT）的相关特性进行的分析，可以看出三者具有不同的特点，性能对比如表 4-2 所示。

表 4-2　PIN 型光电二极管、APD 和 PMT 的性能对比

对比项	PIN 型光电二极管	APD	PMT
响应带宽	10MHz～1GHz	100MHz～1GHz	＞1GHz
灵敏度	低	中	高
电流增益	无	～100	10^6～10^7
成本	低	低	高
体积	小	小	大
抗噪性	好	中	差

4.4　调制技术

水下无线光通信的调制技术主要分为两类，分别是直接调制和间接调制。直接调制又称强度调制，即通过电信号来控制光源的亮度和明暗变化的频率，直接调制实现简单，无须搭配额外的器件即可实现；而间接调制则是首先输出各项参数恒定的未经调制的光波，然后借助外调制器对该光波进行幅度、频率或者相位的调制，间接调制需要搭配额外的配件，且设计复杂、成本较高，对光源有很高的要求，不利于在复杂多变的水下环境中传输。因此，直接调制是目前 UWOC 的主要调制方式。

水下无线光通信中的调制技术多种多样，常见的调制技术有通断键控（on-off keying，OOK）调制、脉冲位置调制（pulse-position modulation，PPM）及其变种、

正交振幅调制（quadrature amplitude modulation，QAM）等，为进一步提升频谱效率发展出了时分复用、频分复用和空分复用等多种复用技术，充分发挥了无线光通信大信道容量的优势。但不同的调制方式具有不同的特点，由于水下信道环境复杂，需要根据实际的应用场景选择合适的调制方式。下面将介绍应用于 UWOC 中的几种常用调制方式。

4.4.1 数字脉冲调制

数字脉冲调制是一种利用矩形脉冲信号的有无来表示信息的调制方式，如 OOK 调制、PPM 及其变种。

1. OOK 调制

OOK 调制的实现较为简单，直接通过脉冲的有无来表示当前二进制信号为“1”或“0”，一个脉冲时隙表示 1bit 信号。在进行 OOK 调制时，首先设定脉冲时隙宽度为 T（单位为 s），将原始信息表示为二进制多比特序列后，按照顺序依次发送，如果当前发送的 1bit 信号为“1”，则发送一个光脉冲（持续时间为 T 的高电平），否则保持低电平状态。OOK 调制示意如图 4-7 所示。

OOK 调制的发送速率（单位为 bit/s）可表示为

$$R_{\text{OOK}} = 1/T \tag{4-1}$$

假设所需发送的二进制比特序列中“1”和“0”出现的概率相等，令光源发射功率为 P_t，则 OOK 调制信号的平均发射功率（单位为 W）为

$$P_{\text{OOK}} = P_t / 2 \tag{4-2}$$

当通信速率为 Rbit/s 时，OOK 调制信号所需带宽（单位为 Hz）为

$$B_{\text{OOK}} = R \tag{4-3}$$

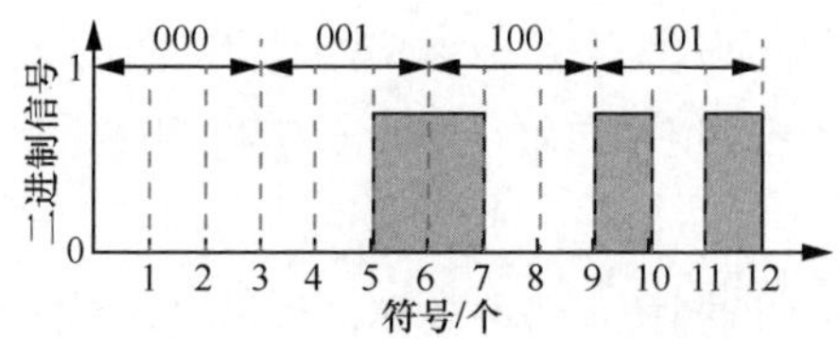

图 4-7 OOK 调制示意

2. PPM

PPM 是一种利用脉冲所在位置来表示信息的调制方式，具体实现方式如下。首先，对需要发送的二进制比特序列进行分组，每组包含 $k$bit 信号，$k$bit 信号根据“0”和“1”的不同组合有 2^k 种可能，故每组信号需要采用 $M=2^k$ 个宽度为 T（单位为 s）的时隙来表示。最后，通过该组 $k$bit 信号所表示的十进制数来确定脉冲在 M 个时隙中的具体位置。根据 M 的不同可将 PPM 称为 M-PPM，例如 4-PPM、8-PPM 和 16-PPM 等。以 8-PPM 为例，每个 8-PPM 分组包含 3bit 信号，需要采用 8 个宽度为 T 的时隙来表示，根据 3bit 二进制序列所表示的十进制数来确定脉冲应在这 8 个时隙中的哪一个位置，如果 3bit 信号为“000”，则脉冲位置在第 1 个时隙，如果 3bit 信号为“100”，则脉冲位置在第 5 个时隙，依次类推。8-PPM 示意如图 4-8 所示。

对于时隙宽度为 T 的 M-PPM（$M=2^k$）信号，其发送速率（单位为 bit/s）为

$$R_{M\text{-PPM}}=\frac{k}{2^k\cdot T} \tag{4-4}$$

假设所需发送的二进制比特序列中“1”和“0”出现的概率相等，令光源发射功率为 P_t，则 M-PPM 信号的平均发射功率（单位为 W）为

$$P_{M\text{-PPM}}=\frac{P_t}{2^k} \tag{4-5}$$

当通信速率为 Rbit/s 时，M-PPM 信号所需带宽（单位为 Hz）为

$$B_{M\text{-PPM}}=\frac{2^k\cdot R}{k} \tag{4-6}$$

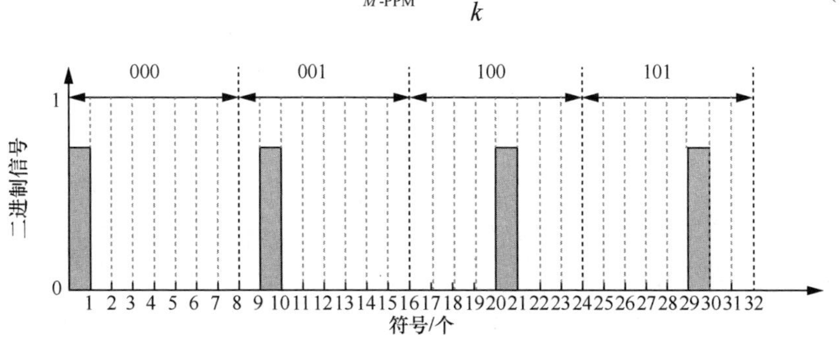

图 4-8　8-PPM 示意

3. 差分脉冲位置调制

差分脉冲位置调制（differential pulse-position modulation，DPPM）是 PPM 的衍生形式，差别在于 DPPM 在每组信号中省略了 PPM 脉冲后的多余时隙，因此，每组信号所含时隙数可能不相等，但省略时隙的同时为传输更多的比特提供了时间。8-DPPM 示意如图 4-9 所示。

对于时隙宽度为 T（单位为 s）的 M-DPPM（ $M=2^k$ ）信号，假设每组信号中每个比特位所出现"0"和"1"的概率是相等的，那么传输一组信号（$k$bit）所需时隙数为 1、2、…、2^k 的概率均为$1/2^k$，则传输一组信号（$k$bit）所需的平均时间为 $T\cdot(2^k+1)/2$，对应的发送速率（单位为 bit/s）为

$$R_{M\text{-DPPM}}=\frac{2\cdot k}{(2^k+1)\cdot T} \tag{4-7}$$

令光源发射功率为 P_t，则 M-DPPM 信号的平均发射功率（单位为 W）为

$$P_{M\text{-DPPM}}=\frac{2\cdot P_t}{2^k+1} \tag{4-8}$$

当通信速率为 Rbit/s 时，M-DPPM 信号所需带宽（单位为 Hz）为

$$B_{M\text{-DPPM}}=\frac{(2^k+1)\cdot R}{2\cdot k} \tag{4-9}$$

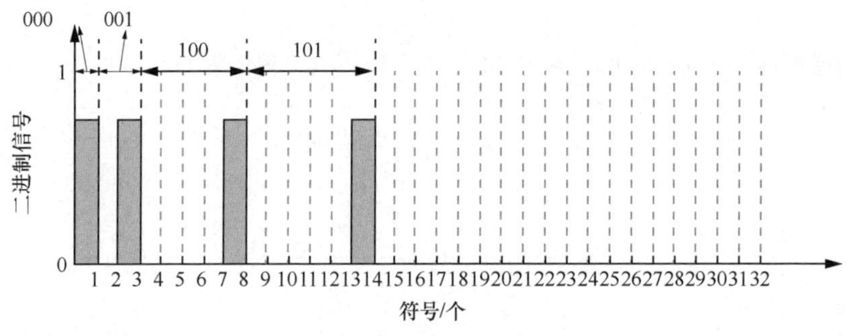

图 4-9　8-DPPM 示意

4. 数字脉冲间隔调制

数字脉冲间隔调制（digital pulse interval modulation，DPIM）也是 PPM 的衍生形式，区别在于每组信号（$k$bit）对应的十进制数在 PPM 和 DPIM 中表示信息的方

式不一样，令每组信号对应的十进制数为 N，则在 PPM 中 N 表示脉冲应该出现在 2^k 个时隙中的第 N+1 个（0 表示第一个时隙），而在 DPIM 中 N 表示相邻两个脉冲之间含有 N+1 个空白时隙。因此，DPIM 中每组信号的时隙数也是不固定的。8-DPIM 示意如图 4-10 所示。

对于时隙宽度为 T（单位为 s）的 M-DPIM（$M=2^k$）信号，由于所需时隙数比 DPPM 多 2 个，所以其发送速率（单位为 bit/s）为

$$R_{M-\text{DPIM}}=\frac{2\cdot k}{(2^k+3)\cdot T} \tag{4-10}$$

令光源发射功率为 P_t，则 M-DPIM 信号的平均发射功率（单位为 W）为

$$P_{M-\text{DPIM}}=\frac{2\cdot P_t}{2^k+3} \tag{4-11}$$

当通信速率为 Rbit/s 时，M-DPIM 信号所需带宽（单位为 Hz）为

$$B_{M-\text{DPIM}}=\frac{(2^k+3)\cdot R}{2\cdot k} \tag{4-12}$$

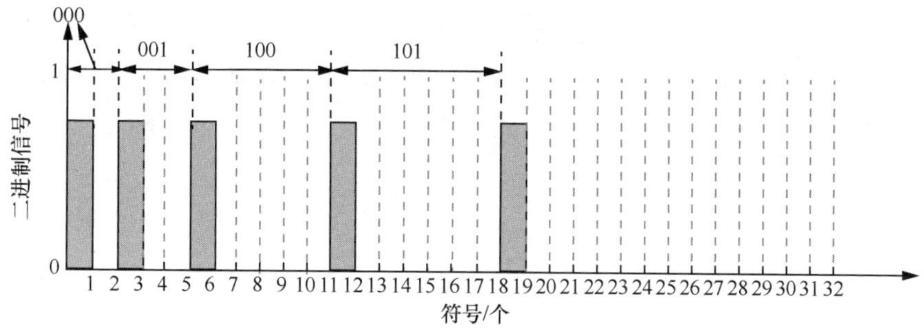

图 4-10　8-DPIM 示意

5. 数字脉冲调制性能对比

不同的数字脉冲调制具有不同的特性，下面将对 OOK 调制、M-PPM、M-DPPM 和 M-DPIM 4 种数字脉冲调制方式从传输容量、平均功率和带宽 3 个方面进行对比。

不同调制方式的归一化传输容量与每组比特数 k 的关系如图 4-11 所示，可以看出 OOK 调制具有最大的传输容量，而 M-PPM 传输容量最小，并且 M-PPM、M-DPPM 和 M-DPIM 3 种调制方式的传输容量随着每组比特数 k 的增加而逐渐降低，原因是

随着每组比特数 k 的增加，空余时隙越来越多，时隙没有得到充分有效的利用。

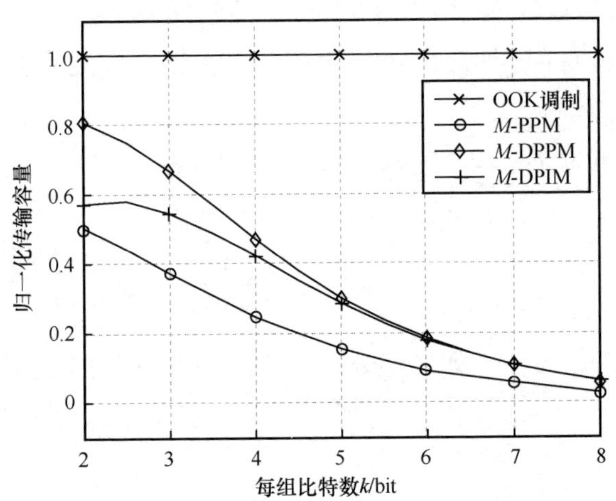

图 4-11　不同调制方式的归一化传输容量与每组比特数 k 的关系

不同调制方式的归一化平均功率与每组比特数 k 的关系如图 4-12 所示。OOK 调制的平均功率最高并保持恒定，而 M-PPM 所需平均功率最小，并且 M-PPM、M-DPPM和 M-DPIM 3 种调制方式的平均功率随着每组比特数 k 的增加而逐渐降低，这是因为脉冲间隔的增加使平均功率逐渐降低。

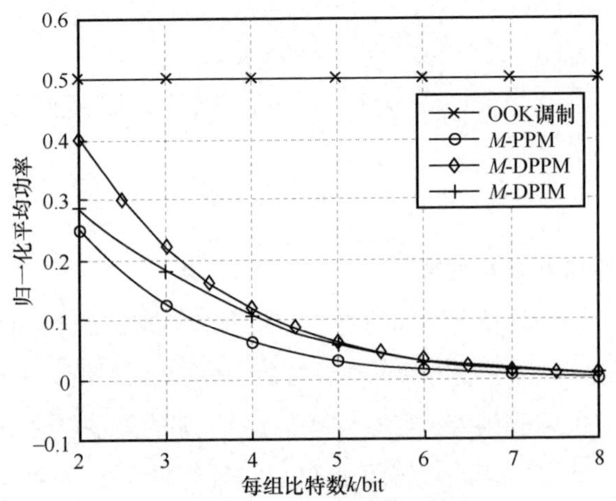

图 4-12　不同调制方式的归一化平均功率与每组比特数 k 的关系

不同调制方式的归一化带宽与每组比特数 k 的关系如图 4-13 所示。OOK 调制所需带宽最小，而 M-PPM 所需带宽最大，并且 M-PPM、M-DPPM 和 M-DPIM 3 种调制方式的带宽随着每组比特数 k 的增加而呈现指数级上升趋势。

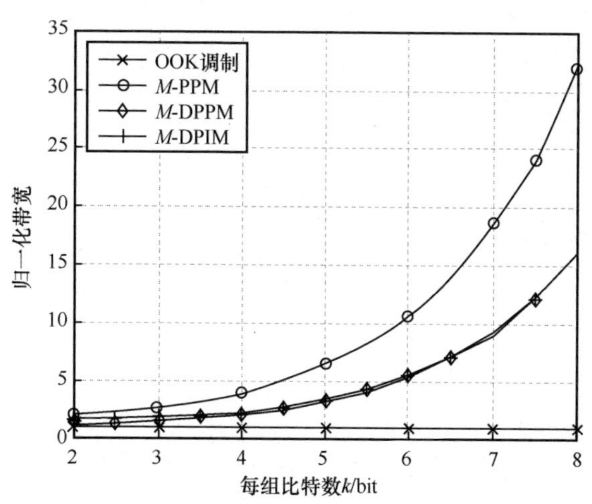

图 4-13　不同调制方式的归一化带宽与每组比特数 k 的关系

综上所述，OOK 调制具有最大的传输容量和最小的带宽，并且所需平均功率最大，而 M-PPM 与 OOK 调制完全相反，M-DPPM 和 M-DPIM 的性能介于 OOK 调制和 M-PPM 之间。M-PPM、M-DPPM 和 M-DPIM 3 种调制方式的性能与每组比特数 k 相关。

4.4.2　正交振幅调制

QAM 是一种常用的数字信号调制方式，该方式实现了信号幅度和相位的联合调制。

QAM 信号的一般表达式为

$$s_i(t) = A_i \cos(\omega_0 t + \theta_i), iT < t < (i+1)T \tag{4-13}$$

将式（4-13）展开得到

$$s_i(t) = A_i \cos\omega_0 t \cos\theta_i - A_i \sin\omega_0 t \sin\theta_i \tag{4-14}$$

令 $X_i = A_i \cos\theta_i, Y_i = A_i \sin\theta_i$，则信号变为

$$s_i(t) = X_i \cos\omega_0 t - Y_i \sin\omega_0 t \tag{4-15}$$

其中，i 表示第 i 个符号，T 表示符号周期。X_i 和 Y_i 分别表示信号的同相分量和正交分量，取值由离散的幅度和相位共同决定。QAM 示意如图 4-14 所示。首先对未经调制的信号根据幅度和相位进行映射，然后分别与两个同频正交的载波相乘后再相加，即可得到调制后的 QAM 信号。

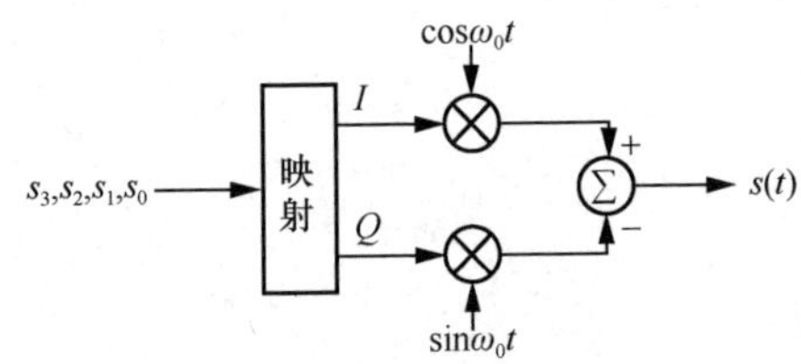

图 4-14　QAM 示意

在 QAM 中，常用星座图来表示调制信号，星座图由二维坐标构成，其中横轴为 I 轴（同相分量），纵轴称为 Q 轴（正交分量）。在进行 QAM 时，首先将信号映射到星座图上，星座图上的每一个点都对应一个调制符号，且星座图很好地反映了信号的幅度和相位信息。星座图中可以包含多个星座点，若共有 M 个星座点，则表示当前调制为 M-QAM，每一个星座点可表示 lb$M$（单位为 bit）信息。如图 4-15 所示，以 16-QAM 为例，星座图中包含 16 个星座点，在进行 16-QAM 时，首先将二进制比特序列以 4bit 为单位分组，进而映射到星座图上，并且进行格雷码映射，以保证相邻星座点之间只有 1bit 不同，有利于降低误码率。

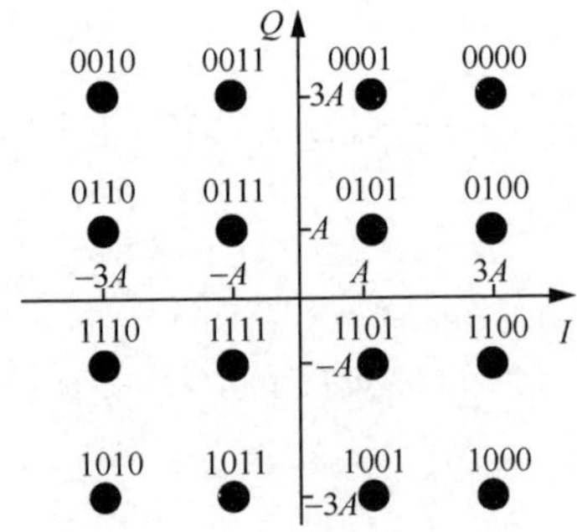

图 4-15　16-QAM 映射示意

4.5　编码技术

进行水下长距离无线光通信时，受背景杂光的影响，通信可能出现误码。为了提高系统的可靠性，应当采取合适的编码技术。编码技术通过在信息元中加入校验元组成码字，使码字具有纠错能力。对于一种编码，如果解码器能够识别错误并纠正，则称其为纠错码。

带有纠错码的数字通信系统如图 4-16 所示。通信过程为：信源将要发送的信息 $\{m\}$ 发送到纠错码编码器进行编码，将编码后的码字 $\{C\}$ 发送到信道中进行传输。不可避免地，信息在信道中传输时会受到噪声 $\{E\}$ 的影响，导致收到的信息变为 $\{R\}$。纠错码译码器首先进行解码和纠错，得到纠错后的码字 $\{\hat{C}\}$，再将信息 $\{\hat{m}\}$ 提取后发送到信宿。如果最后得到的信息 $\{\hat{m}\}$ 与发送的信息 $\{m\}$ 相同，则通信成功，否则通信失败。

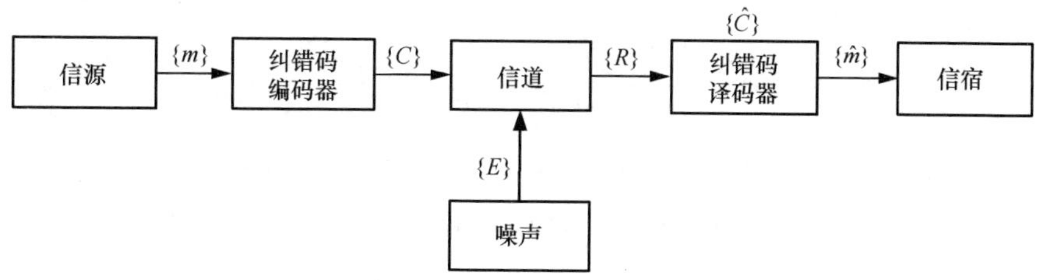

图 4-16　带有纠错码的数字通信系统

4.5.1　RS 码

RS 码在 1960 年由 Reed 和 Solomon 提出[21]，现已被空间数据系统协商委员会（CCSDS）[22]、美国国家航空航天局（NASA）[23]用于空间信道纠错。RS 码既可以纠正随机错误，又可纠正突发错误，现已经得到广泛的应用。因此，在 UWOC 系统中采用 RS 码，可以很自然地与 PPM 匹配[24-25]。

RS 码的一个主要特点是其码元取自伽罗华域 GF(q)，一般来讲，$q=2^m$。GF(2^m)

内 RS 码的码元宽度为 m 。对于一个 RS 码，需要利用两个参数表征：n 和 k 。n 为码长（ $n \leqslant 2^m - 1$ ），即信息元和校验元的总个数，k 为信息元的个数。对于 RS(n, k) 码，其校验元的个数即 $n-k$ ，可纠正的最大错误数为 $(n-k)/2$ 。显然，通过增加校验元的个数可以提高 RS 码的纠错能力，但这样会降低信息元的比重，不利于通信的高效进行。因此，在具体码型选择上，要综合考虑纠错能力和信息元的比重。信息元的比重用码率 R 表示，定义为

$$R = k/n \tag{4-16}$$

考察码率 R 固定时，采用不同码长 n 的 RS 码对误码率的影响。假设不编码时，误码率为 p_b ，采用 RS(n, k)码后，其误码率为 p_c ，由于 RS(n, k)码可纠正 $(n-k-1)/2$ 个错误，则当错误个数 $n_e \leqslant (n-k)/2$ 时，都可以通过解码纠错获得正确的信息，其概率 Q 为

$$Q = \sum_{n_e=0}^{(n-k)/2} C_n^{n_e} {p_b}^{n_e} (1-p_b)^{n-n_e} \tag{4-17}$$

误码率 p_c 为

$$p_c = 1 - \sqrt[n]{Q} \tag{4-18}$$

相同码率、不同码长编码前后误码率的比较如图 4-17 所示，考察的 RS 码分别为 RS(15,13)、RS(31,27)、RS(63,55)、RS(127,111)、RS(255,223)。由于 RS(255,223) 已被 CCSDS 定位为深空光通信中级联码的标准外码[24-25]，因此图 4-17 以 RS(255,223) 的码率 $R = 0.87$ 作为共同的码率。由图 4-17 可以看出，采用 RS 码，可以显著地降低误码率，在 $p_b < 0.02$ 时，误码率至少降低一个数量级；随着编码前误码率 p_b 的增加，编码后误码率 p_c 也增加，并且增加速度降低。因此，编码后误码率 p_c 增大到 0.1 以上时，RS 码降低误码率的效果不再显著；码率相同时，采用较长的 RS 码，可以获得更好的效果。

综合考虑码率和误码率，选择 GF(2^8)上的 RS(255,223)码，最多可以纠正 16 个错误。分析可知，即使编码前误码率 p_b 高达 0.295，即 $\lg p_b = -1.53$ ，利用 RS(255,223) 码也可将误码率 p_c 控制在 10^{-5}，即 $\lg p_c = -5$ 以内，如图 4-17 中所标记的坐标。为配合 GF(2^8)上的 RS 码，采用 256-PPM。

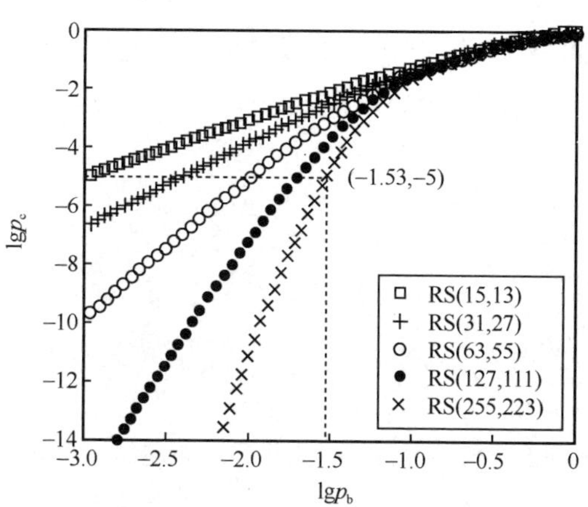

图 4-17　编码前后误码率的比较

4.5.2　LDPC 码

低密度奇偶校验（LDPC）码是一种特殊形式的线性分组码[26]。LDPC 码的定义来自其校验矩阵的稀疏性，LDPC 码的校验矩阵由少量的"1"以及大部分的"0"构成。

线性分组码的一般表示方式为$(n，k)$，对码长为 k 的信息码字进行分组，每组后加入适量的监督码元，n 是编码后码字长度，码率可以表示为 $R=k/n$。由于加入的监督码元和信息码字之间的关系是线性的，所以称为线性分组码，其方程组的构成可以表示为

$$\boldsymbol{H}\cdot\boldsymbol{c}^{\mathrm{T}}=0 \tag{4-19}$$

$$\begin{bmatrix} h_{11} & h_{12} & \cdots & h_{1n} \\ h_{21} & h_{22} & \cdots & h_{2n} \\ \vdots & \vdots & \ddots & \vdots \\ h_{m1} & h_{m2} & \cdots & h_{mn} \end{bmatrix}\begin{bmatrix} c_1 \\ c_2 \\ \vdots \\ c_n \end{bmatrix}=0 \tag{4-20}$$

其中，$\boldsymbol{H}$ 称为线性分组码的校验矩阵。得到校验矩阵 $\boldsymbol{H}$ 后，可以将 $\boldsymbol{H}$ 转换为如下形式

$$\boldsymbol{H}=\begin{bmatrix}\boldsymbol{P} & \mathbf{I}\end{bmatrix} \tag{4-21}$$

其中，I 是单位矩阵。该形式的校验矩阵为典型的监督矩阵形式。生成矩阵与校验矩阵满足正交性，则生成矩阵可表示为

$$\boldsymbol{G}=\begin{bmatrix}\mathbf{I}_k & \boldsymbol{P}^{\mathrm{T}}\end{bmatrix}=\begin{bmatrix}1 & 0 & \cdots & 0 & G_{0,0} & G_{0,1} & \cdots & G_{0,c-1}\\ 0 & 1 & \cdots & 0 & G_{1,0} & G_{1,1} & \cdots & G_{2,c-1}\\ \vdots & \vdots & \ddots & \vdots & \vdots & \vdots & \ddots & \vdots\\ 0 & 0 & \cdots & 1 & G_{k-1,0} & G_{k-1,1} & \cdots & G_{k-1,c-1}\end{bmatrix} \tag{4-22}$$

根据线性分组码的构造可以知道，未编码的信息序列若为 $\boldsymbol{m}$，则编码后序列 $\boldsymbol{c}$ 为

$$\boldsymbol{c}=\boldsymbol{m}\cdot\boldsymbol{G} \tag{4-23}$$

由上述对 LDPC 码的校验矩阵和生成矩阵的描述可以知道，对于 LDPC 码来说，确定校验矩阵后，就可以得到生成矩阵，即确定了编码后的码字。

校验矩阵除了用矩阵的形式进行表述，还可以采用对应的 Tanner 图来描述，Tanner 是一种二分图，是指每条边所关联的顶点可以分成两个不相交的子集。对于 LDPC 码的 Tanner 图来说，可以分为两类节点，一类叫作校验节点 V，对应校验矩阵的 m 行；另一类叫作变量节点 C，对应校验矩阵的 n 列。变量节点与校验节点之间的连线（即 Tanner 图中的边）表示校验矩阵中对应的位置的元素为 1。例如，一个 LDPC 码的校验矩阵如下

$$\boldsymbol{H}=\begin{bmatrix}1&1&0&1&0&0&0\\0&1&1&0&1&0&0\\0&0&1&1&0&1&0\\0&0&0&1&1&0&1\\1&0&0&0&1&1&0\\1&0&1&0&0&0&1\end{bmatrix} \tag{4-24}$$

则对应的 Tanner 图如图 4-18 所示。

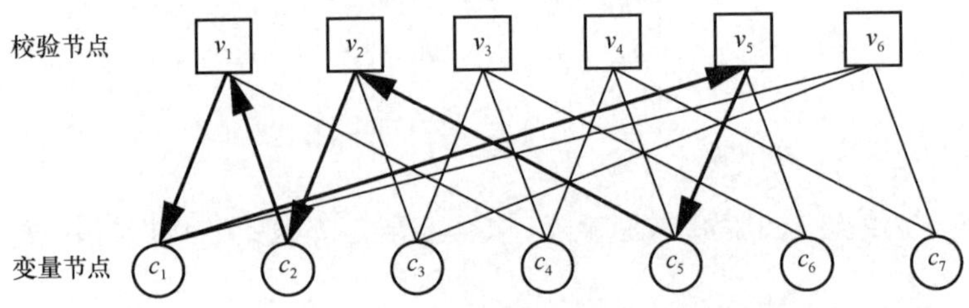

图 4-18　LDPC 码校验矩阵的 Tanner 图

在 Tanner 图中，如果变量节点与校验节点中的两个元素相连，则说明它们是相关联的，被称为相邻节点。将节点之间的连线定义为边，每个节点上的边的数量称为度数，可以看出图 4-18 中校验节点 v_1 的度数为 3，变量节点 c_1 度数也为 3。Tanner 图中的环是指一组互相关联的节点序列，从一个节点出发，经边连接不同节点后又回到开始的节点，这样的组合称为环，环的长度就是其中边的数量，图 4-18 中黑色带箭头的粗线显示的环的长度为 6。如果在传输信息的过程中，其他的变量节点不改变，将这 3 个在环上的变量节点的值取反，则仍能满足校验矩阵的约束，但是破坏了信息的独立性，降低了译码的性能，因此在构造校验矩阵时，要使环的长度越长越好，短环会降低 LDPC 码的性能。

4.5.3 Polar 码

极化（Polar）码为 5G 增强型移动宽带（enhanced mobile broadband，eMBB）场景控制信道编码方案，通过信道合并、信道分裂可以获得具有一定联系的极化信道。随着信道数量的增加，极化后的信道一部分信道容量逐渐趋于 1，此时几乎无噪声影响，即无噪信道，可以进行无差错传输；另一部分信道容量将趋于 0，可认为信道完全由噪声组成，即全噪信道，且趋于 1 的信道个数与信道总数的比值等于极化前的信道容量。这意味着仅利用无噪信道进行传输，便可在不降低信息传输速率的前提下，实现无差错传输，即达到香农限。得益于 Polar 码的优良特性，以及对已有信道编码研究成果的积累，Polar 码自提出之后，便迅速得到人们的关注。尽管 Polar 码在 2009 年才被提出，但经过 10 多年的发展，其技术逐渐趋于成熟，在 Polar 码编码、译码、系统性能分析以及应用等方面的一系列研究成果相继被提出。下面从信道合并、信道分裂、Polar 码编码 3 个方面对 Polar 码进行介绍。

1. **信道合并**

按照特定的映射规则，将 N 个相互独立的二进制输入离散无记忆信道（B-DMC）$\boldsymbol{X}_N$ 合并为 N 个相互关联的信道 $\boldsymbol{Y}_N$，即 $\boldsymbol{W}_N:\boldsymbol{X}_N \to \boldsymbol{Y}_N$。以上过程称为信道合并，其对应的信道转移概率为

$$\boldsymbol{W}_N(\boldsymbol{y}_1^N/\boldsymbol{u}_1^N)=\boldsymbol{W}_N(\boldsymbol{y}_1^N/\boldsymbol{X}_1^N)=\boldsymbol{W}_N(\boldsymbol{y}_1^N/\boldsymbol{u}_1^N\boldsymbol{G}_N^1) \tag{4-25}$$

其中，$\boldsymbol{G}_N^1$ 为 Polar 码生成矩阵，$\boldsymbol{u}_1^N$ 为输入信息序列，$\boldsymbol{y}_1^N$ 为信道合并后的输出序列。

通常，Polar 码信道合并、构建生成矩阵 $\boldsymbol{G}_N^1$ 采用递归方式，即从第 0 层开始，按照特定递归结构合并。对于任意的 $N=2^n, n \geqslant 0$，有

$$\boldsymbol{G}_N^1 = \boldsymbol{B}_N \boldsymbol{F}^{\otimes n} \tag{4-26}$$

其中，$\boldsymbol{B}_N$ 为比特反转置换矩阵，$\boldsymbol{F}$ 为极化变换核，其定义为

$$\boldsymbol{F} = \begin{bmatrix} 1 & 0 \\ 1 & 1 \end{bmatrix} \tag{4-27}$$

且存在如下运算

$$\boldsymbol{F}^{\otimes 2} = \begin{bmatrix} \boldsymbol{F} & 0 \\ \boldsymbol{F} & \boldsymbol{F} \end{bmatrix}, \boldsymbol{F}^{\otimes n} = \begin{bmatrix} \boldsymbol{F}^{\otimes n-1} & 0 \\ \boldsymbol{F}^{\otimes n-1} & \boldsymbol{F}^{\otimes n-1} \end{bmatrix} \tag{4-28}$$

当信道数量 $N=4$ 时，如图 4-19 和式（4-28）可知

$$\boldsymbol{F}^{\otimes 2} = \begin{bmatrix} 1 & 0 & 0 & 0 \\ 1 & 1 & 0 & 0 \\ 1 & 0 & 1 & 0 \\ 1 & 1 & 1 & 1 \end{bmatrix} \tag{4-29}$$

同时，$\boldsymbol{B}_N : (s_1, s_2, s_3, s_4) \to (s_1, s_3, s_2, s_4)$，即 $\boldsymbol{F}^{\otimes 2}$ 第 2 行与第 3 行互换位置，相应的

$$\boldsymbol{G}_N^1 = \boldsymbol{B}_N \boldsymbol{F}^{\otimes n} = \begin{bmatrix} 1 & 0 & 0 & 0 \\ 1 & 0 & 1 & 0 \\ 1 & 1 & 0 & 0 \\ 1 & 1 & 1 & 1 \end{bmatrix} \tag{4-30}$$

2. 信道分裂

信道分裂就是将合并后的 N 个相互关联的信道 $\boldsymbol{W}_N$ 分裂为 N 个具有一定关联的一维信道，其对应的信道转移概率为

$$\boldsymbol{W}_N^i(\boldsymbol{y}_1^N, \boldsymbol{u}_1^{i-1} \mid \boldsymbol{u}_i) = \sum_{\boldsymbol{u}_{i+1}^N \in \boldsymbol{X}^{N-i}} \frac{1}{2^{N-1}} \boldsymbol{W}_N(\boldsymbol{y}_1^N \mid \boldsymbol{u}_1^N) \tag{4-31}$$

其中，$\boldsymbol{y}_1^N, \boldsymbol{u}_1^{i-1}$ 为分裂后第 i 个信道的输出，其中 $\boldsymbol{u}_1^{i-1}$ 为通过信道分裂估算出的前 $i-1$ 个比特信息。$N=4$ 时，信道合并、分裂过程如图 4-19 所示，其中 R_4 表示 4 路接收信号。

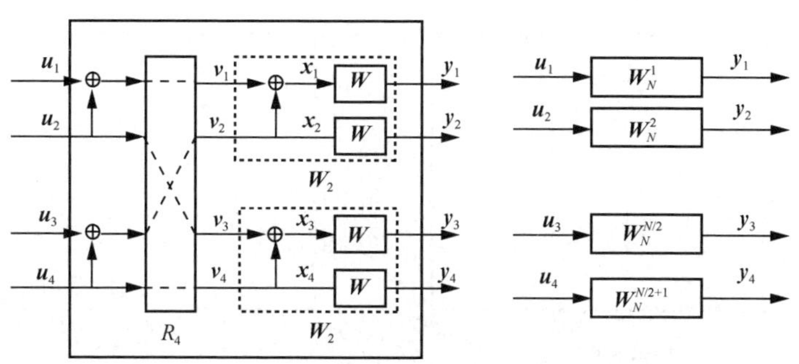

图 4-19　信道合并、分裂过程

假设当前二进制擦除信道$\boldsymbol{W}$ 的擦除概率为 p，其信道容量可表示为

$$
\begin{aligned}
&I\left(\boldsymbol{W}_N^{2i-1}\right)=I\left(\boldsymbol{W}_{N/2}^{i}\right)^2\\
&I\left(\boldsymbol{W}_N^{2i}\right)=2I\left(\boldsymbol{W}_{N/2}^{i}\right)-I\left(\boldsymbol{W}_{N/2}^{i}\right)^2\\
&I(\boldsymbol{W}_1^1)=1-p
\end{aligned}
\tag{4-32}
$$

当 p=0.5 时，不同子信道数量下对称信道容量的分布情况如图 4-20 所示。仿真结果表明，对于任意长度的码字，其对称信道容量主要分布于 0 和 1，但随着码长 N 的增加，位于 0 和 1 的子信道占比逐渐增加，信道极化现象愈发明显。若认为对称信道容量大于 0.9 时可有效传输信息，称其为有效信道，则 N=256、N=512、N=1024、N=2048 时其占比分别为 0.3984、0.4121、0.4346、0.4429，可以看出码长越长，有效信道的占比越高，当码长足够长时，对称信道容量将会集中分布于 0 和 1。在对称信道容量为 1 的信道上传输有用信息比特，而在对称信道容量为 0 的信道上传输收发两端均已知的冻结比特，则理论上可以充分利用对称信道容量。

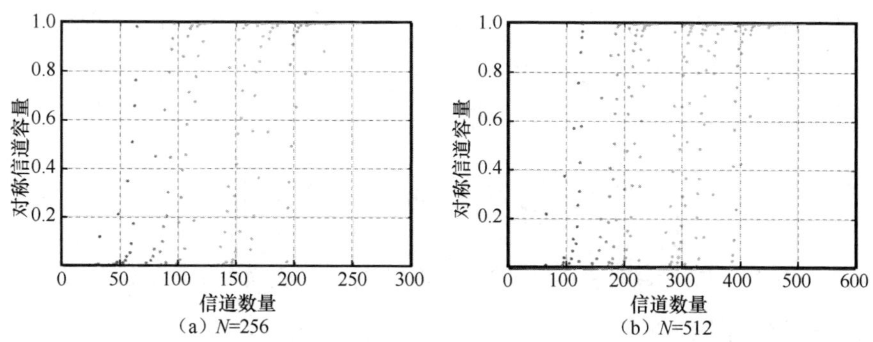

图 4-20　不同子信道数量下对称信道容量的分布情况

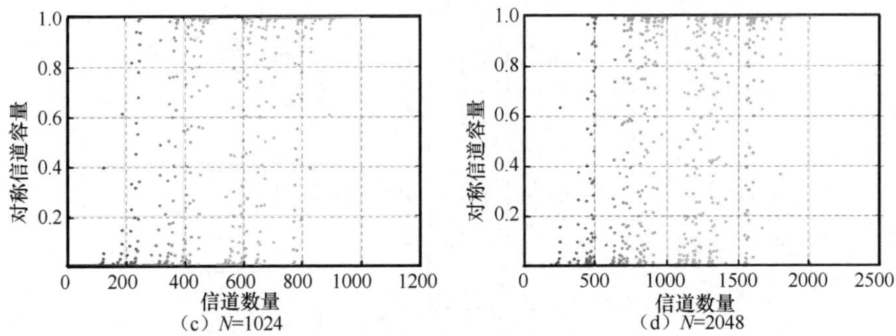

图 4-20　不同子信道数量下对称信道容量的分布情况（续）

3. Polar 码编码

由于 Polar 码本质上仍然是一种线性分组码，因此可以沿用线性分组的通用编码方式，即

$$\boldsymbol{X}_1^N = \boldsymbol{u}_1^N \boldsymbol{G}_N^1 = \boldsymbol{u}_1^N \boldsymbol{B}_N \boldsymbol{F}^{\otimes n} \tag{4-33}$$

其中，$\boldsymbol{u}_1^N$ 为输入待编码序列（包括信息比特、冻结比特），$\boldsymbol{X}_1^N$ 为编码码字。

目前，Polar 码译码算法主要有连续消除（successive cancellation，SC）译码算法、连续消除列表（successive cancellation list，SCL）译码算法、循环冗余校验（cyclic redundancy check，CRC）辅助的 SCL（CRC-SCL）译码算法。其中 SC 译码算法是 SCL 和 CRC-SCL 译码算法的基础，SCL 和 CRC-SCL 译码算法通过对 SC 译码算法的改进能够获得近似最大似然（ML）译码算法的性能。下面首先研究 SCL 译码，并在此基础上阐述 CRC-SCL 译码原理。

SCL 译码在 SC 译码的基础上保留 L 条候选路径，将每个节点的两种取值都纳入考虑范围，有效地减少了路径错误。在 SCL 译码中引入路径度量（path metric，PM）值的概念，表示为

$$\mathrm{PM}_l^i = \sum_{j=1}^{i} \ln\left\{1 + \exp\left[1 - 2\hat{u}_j(l) \cdot L_N^i\right]\right\} \tag{4-34}$$

其中，$l \in (1,2,\cdots,L)$ 为路径索引，$\hat{u}_j(l)$ 为第 l 条路径的第 j 个比特的估计值，L_N^i 为估计结果的似然比，即

$$L_N^i(l)=\frac{W_N^i\left[y_1^N,\hat{u}_1^{i-1}(l)\,|\,0\right]}{W_N^i\left[y_1^N,\hat{u}_1^{i-1}(l)\,|\,1\right]} \tag{4-35}$$

当发射机发送“0”和“1”的概率相同时，对于任何路径 l_1 和 l_2，当 $\mathrm{PM}_{l_1}^i>\mathrm{PM}_{l_2}^i$ 时，存在

$$W_N^i\left[y_1^N,\hat{u}_1^{i-1}(l_1)\,|\,\hat{u}_1^i(l_1)\right]<W_N^i\left[y_1^N,\hat{u}_1^{i-1}(l_2)\,|\,\hat{u}_1^i(l_2)\right] \tag{4-36}$$

由于PM值与传递概率成反比，因此可将PM值表示为

$$\mathrm{PM}_l^i=\begin{cases}\mathrm{PM}_l^{i-1}, & \hat{u}_i^l=\dfrac{1}{2}\left\{1-\mathrm{sgn}\left[L_N^i(l)\right]\right\}\\ \mathrm{PM}_l^{i-1}+\left|L_N^i(l)\right|, & \text{其他}\end{cases} \tag{4-37}$$

SCL译码算法从根节点出发，按照先宽原则对路径进行扩展。对于下一层的每一个扩展，选择当前层中PM值最小的 L 条路径，最后得到译码结果。

SCL译码示意如图4-21所示，假设SCL码树列表长度 L_s=2。在第1层，SCL译码算法找到了左侧的路径 $\{0,x,x,x\}$ 和右侧的路径 $\{1,x,x,x\}$，SCL译码算法将其保存到 L_s=2 的列表中。在第2层，SCL译码算法找到左侧路径 $\{0,0,x,x\}$ 和右侧路径 $\{1,0,x,x\}$。在第3层，SCL算法找到左侧路径 $\{0,0,1,x\}$ 和右侧路径 $\{1,0,0,x\}$。在第4层，SCL译码算法找到候选路径1（即 $\{0,0,1,1\}$）和候选路径2（即 $\{1,0,0,0\}$）。由于最大后验概率候选路径2大于候选路径1。因此，SCL译码算法按照右侧的路径译码比特 $\{1,0,0,0\}$，从而完成了译码。此时的结果与使用ML译码算法的结果相同，译码正确。而采用SC译码算法时，节点2开始就会出现错误，从而导致最后译码结果出现“错误传输”现象。

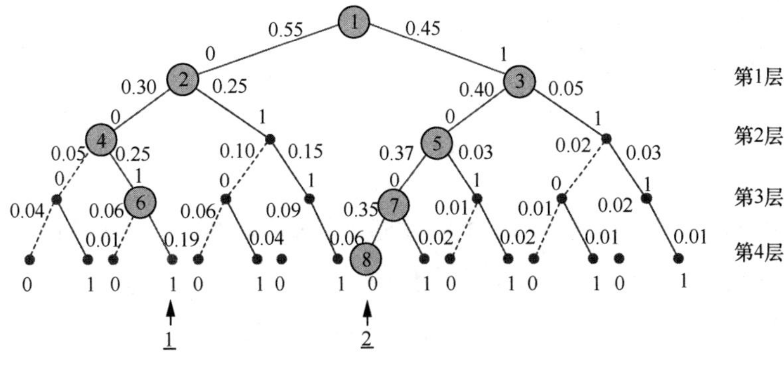

图4-21　SCL译码示意

CRC-SCL 译码通过在 SCL 译码算法中引入 CRC 提升译码性能。选择能够通过 CRC 的序列作为最后的译码结果，译码过程如图 4-22 所示。

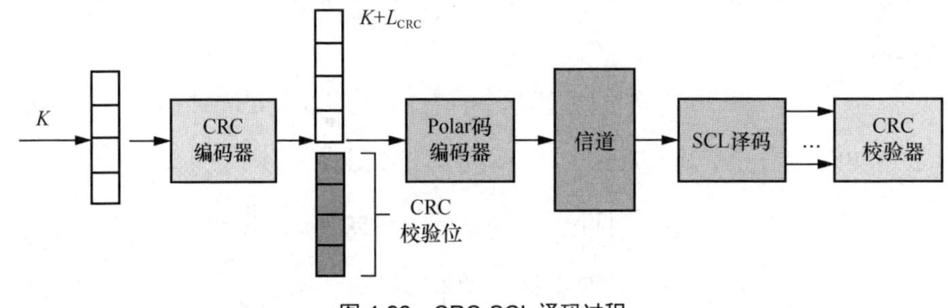

图 4-22　CRC-SCL 译码过程

SCL 译码算法在 PM 值最大的时候，输出结果仍不一定是正确的译码结果，而 CRC-SCL 译码算法可以有效地改善这种情况。通过 CRC 的校验矩阵进行校验，若仍存在未能通过 CRC 的码字，则输出最可能的码字作为译码结果。

4.5.4　DB 编码

双二进制（DB）编码原理如图 4-23 所示，可以看到，DB 编码将 16 个 QAM 符号转换为 49 个 QAM 符号，并且不同的 QAM 符号出现的概率存在差异。

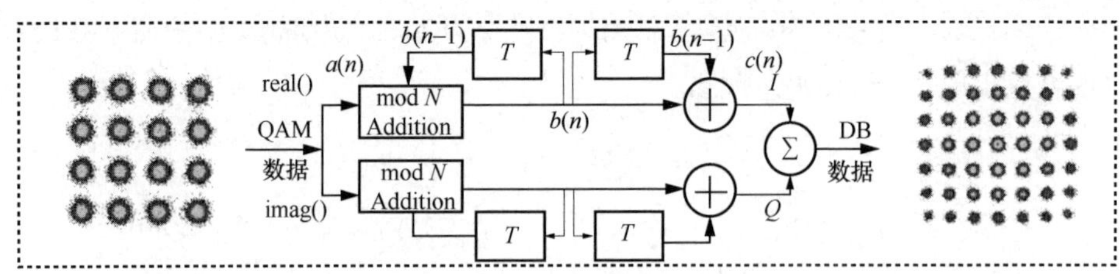

图 4-23　DB 编码原理

作为一种部分响应编码方法，DB 主要分为预编码和相关编码两个模块。预编码的作用是避免差错传输，相关编码则是得到预期的部分响应信号频谱所必需的[27]。如图 4-23 所示，$a(n)$、$b(n)$和 $c(n)$表示编码过程中不同阶段的信号，DB 的编码过程可以表示为

$$b(n) = (a(n) + b(n-1)) \bmod N, n>1 \tag{4-38}$$

$$c(n) = b(n) + b(n-1), n>1 \tag{4-39}$$

其中，式（4-38）为预编码，式（4-39）为相关编码。

在本节的讨论中，$N=4$，那么当 $a(n)=\{0,1,2,3\}$ 时，$c(n)=\{0,1,2,3,4,5,6\}$，所以 DB 编码将 4 电平信号转换为 7 电平信号。由于 $a(n)$ 中每种电平信号出现的概率是相等的，概率均为 1/4，所以 7 电平信号 $c(n)$ 对应的概率向量可以表示为

$$\boldsymbol{P} = [P_0, P_1, P_2, P_3, P_4, P_5, P_6] = \left[\frac{1}{16}, \frac{2}{16}, \frac{3}{16}, \frac{4}{16}, \frac{3}{16}, \frac{2}{16}, \frac{1}{16}\right] \tag{4-40}$$

4.5.5 NLTCP 编码

非线性网格编码脉冲幅度调制（NLTCP）编码原理如图 4-24 所示，可以看到，NLTCP 将 16 个 QAM 符号转换为 36 个 QAM 符号，并且不同的 QAM 符号出现的概率同样存在差异[28]。

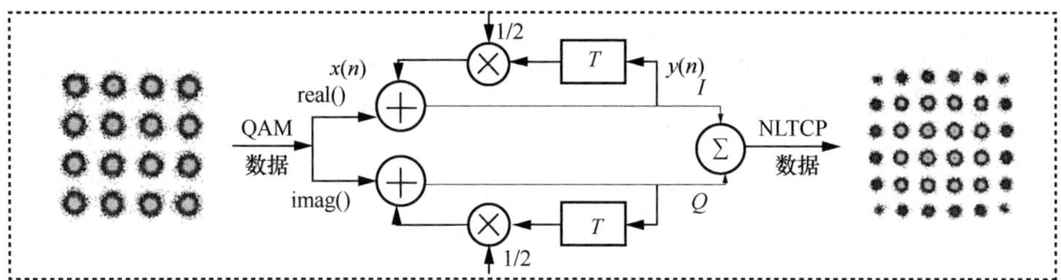

图 4-24　NLTCP 编码原理

在图 4-24 中，$x(n)$和 $y(n)$表示编码过程中不同阶段的信号，NLTCP 的编码过程可以表示为

$$y(n) = x(n) + \left[\frac{y(n-1)}{2}\right], n>1 \tag{4-41}$$

其中，$[\cdot]$表示高斯符号。当输入信号 $x(n)=\{0,1,2,3\}$ 时，输出信号为 $y(n)=\{0,1,2,3,4,5\}$，所以 NLTCP 编码将 4 电平信号转换成 6 电平信号。由于 $a(n)$ 中每种电平信号出现的概率是相等的，概率均为 1/4，所以 6 电平信号 $y(n)$ 的概率

向量可以表示为

$$\boldsymbol{P}=\left[P_0,P_1,P_2,P_3,P_4,P_5\right]=\left[\frac{1}{16},\frac{3}{16},\frac{4}{16},\frac{4}{16},\frac{3}{16},\frac{1}{16}\right] \tag{4-42}$$

参考文献

[1] FARR N, CHAVE A D, FREITAG L, et al. Optical modem technology for seafloor observatories[C]//Proceedings of the OCEANS. Piscataway: IEEE Press, 2006: 1-6.

[2] CHANCEY M A. Short range underwater optical communication links[D]. Raleigh: North Carolina State University, 2005.

[3] NATHAN M I, DUMKE W P, BURNS G, et al. Stimulated emission of radiation from GaAs p-n junctions[J]. Applied Physics Letters, 1962, 1(3): 62-64.

[4] HALL R N. Coherent light emission from p-n junctions[J]. Solid-State Electronics, 1963, 6(5): 405-408.

[5] HAASE M A, QIU J, DEPUYDT J M, et al. Blue-green laser diodes[J]. Applied Physics Letters, 1991, 59(11): 1272-1274.

[6] OKUYAMA H, KATO E, ITOH S, et al. Operation and dynamics of ZnSe/ZnMgSSe double heterostructure blue laser diode at room temperature[J]. Applied Physics Letters, 1995, 66(6): 656-658.

[7] 陆昉. 半导体蓝绿激光器研制取得突破性进展[J]. 物理, 1998(4).

[8] AVRAMESCU A, LERMER T, MÜLLER J, et al. True green laser diodes at 524 nm with 50mW continuous wave output power onc-plane GaN[J]. Applied Physics Express, 2010, 3(6): 061003.

[9] TAKAGI S, ENYA Y, KYONO T, et al. High-power (over 100mW) green laser diodes on semipolar GaN substrates operating at wavelengths beyond 530nm[J]. Applied Physics Express, 2012, 5(8): 082102.

[10] MASUI S, MIYOSHI T, YANAMOTO T, et al. 1WA1InGaN based green laser diodes[C]//Proceedings of the 2013 Conference on Lasers and Electro-Optics Pacific Rim (CLEOPR). Piscataway: IEEE Press, 2013: 1-2.

[11] TOJYO T, ASANO T, TAKEYA M, et al. GaN-based high power blue-violet laser diodes[J]. Japanese Journal of Applied Physics, 2001, 40(5R): 3206.

[12] NAKAMURA S, SENOH M, NAGAHAMA S I, et al. InGaN-based multi-quantum-well-structure laser diodes[J]. Japanese Journal of Applied Physics, 1996, 35(1B): L74.

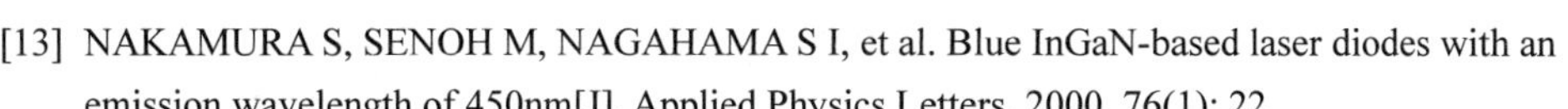

[13] NAKAMURA S, SENOH M, NAGAHAMA S I, et al. Blue InGaN-based laser diodes with an emission wavelength of 450nm[J]. Applied Physics Letters, 2000, 76(1): 22.

[14] 胡磊, 张立群, 刘建平, 等. 高功率氮化镓基蓝光激光器[J]. 中国激光, 2020, 47(7): 6.

[15] 胡磊, 李德尧, 刘建平, 等. 连续工作 7.5W 高功率氮化镓基蓝光激光器[J]. 光子学报, 2022, 51(2): 0251209.

[16] PAVLOPOULOS T G. Blue-green dye lasers for underwater illumination[J]. Naval Engineers Journal, 2002, 114(4): 31-40.

[17] SANDERS S, WAARTS R G, MEHUYS D G, et al. Laser diode pumped 106mW blue up-conversion fiber laser[J]. Applied Physics Letters, 1995, 67(13): 1815-1817.

[18] BANEY D M, RANKIN G, CHANG K W. Blue Pr3+-doped ZBLAN fiber upconversion laser[J]. Optics Letters, 1996, 21(17): 1372-1374.

[19] DUNCAN F W. 苗海. 硅光电二极管的新发展[J]. 激光与红外, 1975, 5(10): 667-668.

[20] 朱华海. 高效快速的硅雪崩光电二极管[J]. 半导体光电, 1980, 1(1): 24-31.

[21] REED I S, SOLOMON G. Polynomial codes over certain finite fields[J]. Journal of the Society for Industrial and Applied Mathematics, 1960, 8(2): 300-304.

[22] 石俊峰, 王宇, 孙辉先. 符合 CCSDS 标准的 RS(255, 223)码译码器的 FPGA 实现及其性能测试[J]. 空间科学学报, 2005, 25(4): 309-314.

[23] MILLER R L, TRUONG T K, REED I S. Efficient program for decoding the (255, 223) Reed-Solomon code over GF(28) with both errors and erasures, using transform decoding[J]. IEE Proceedings E Computers and Digital Techniques, 1980, 127(4): 136.

[24] AZMI P, MELEAS D, MARVASTI F. An efficient method for demodulating PPM signals based on Reed–Solomon decoding algorithm[J]. Signal Processing, 2004, 84(10): 1823-1836.

[25] 苏艳琴, 王红星, 张磊, 等. 弱湍流下基于 PPM 调制和 RS 码的 ALC 系统差错性能分析[J]. 中国电子科学研究院学报, 2007, 2(5): 523-526.

[26] RICHARDSON T J, URBANKE R L. Efficient encoding of low-density parity-check codes[J]. IEEE transactions on information theory, 2001, 47(2): 638-656.

[27] 胡辽林, 刘增基. 光双二进制传输系统的性能研究[J]. 光子学报, 2003, 32(6): 727-730.

[28] 杜兴民, 蒋旭宇. 网格编码调制在数字通信中的应用[J]. 空军工程大学学报(自然科学版), 2003, 4(1): 43-45.

第5章 水下无线光通信光源

蓝绿光波段处于海水的唯一低损耗光学窗口，蓝绿光用于水下通信具有数据速率高、传输容量大等优势，可高效传输数据、语音和图像信号，还具有波束宽度窄、方向性好、设备小巧、抗截获抗干扰能力强及不受电磁和核辐射影响等特征。因此，为满足全球不同水域激光海洋探测、水下激光无线通信、激光跨海气界面信息传输等应用需求，发展具有特殊性能参数的蓝绿光光源，成为提升水下激光信息传输应用系统性能的关键。

5.1 固体蓝绿光激光器概述

自1960年梅曼发明了第一台红宝石激光器以来，随着激光增益介质材料的不断涌现和激光技术的不断进步，蓝绿光激光器技术得到了飞速发展，发展出了增益介质种类不同的蓝绿光激光器及激光技术。以固体材料作为激光增益介质，输出蓝绿光波段激光的激光器称为蓝绿光激光器。其中，以半导体激光作为泵浦源的称为全固态蓝绿光激光器，具有转换效率高、输出功率大、光束质量好和输出稳定等优点。

通常利用非线性频率变换技术来获得蓝绿光输出。固体激光增益介质的激射波长受其能级结构的限制，往往不会落在蓝绿光谱区域，需要采用非线性谐波转换技术将激光的基频光谱移频到蓝绿光谱，最普遍的是将输出近红外波段的激光转换至蓝绿光波段。这种非线性频率变换技术主要包括二倍频、三倍频、和频及光参量振荡（OPO）4 种基本类型。

5.1.1　腔内倍频蓝绿光激光器技术

腔内倍频蓝绿光激光器技术通过在固体激光谐振腔内插入非线性倍频晶体，从而获得蓝绿光输出，典型的有腔内倍频 Nd:YAG 激光器、腔内倍频 Nd:YVO_4 激光器、腔内倍频 Yb:YAG 激光器等。这种技术的优点是激光器结构简单、转换效率高；缺点则是在获得高能量绿光输出的时候，固体激光增益介质的热效应扰动造成激光谐振腔不稳定，输出光束质量容易出现明显退化。

最早报道的腔内倍频蓝绿光激光器是在 1968 年[1]，美国贝尔实验室利用非线性晶体铌酸钡钠（$Ba_2NaNb_5O_{15}$）进行腔内二倍频，实现了功率为 1.1W 的绿光输出。由于应用需求的牵引和新材料的出现，腔内倍频蓝绿光技术不断进步。

1996 年，法国的 Garrec 等[2]采用 35 个 20W 连续二极管激光器侧面泵浦单棒 Nd:YAG 晶体，在 Z 形腔中利用磷酸氧钛钾（$KTiOPO_4$，KTP）晶体实现腔内倍频，通过双端输出的设计，得到重复频率为 27kHz、最大功率为 106W 的绿光输出，激光器的光-光转换效率为 15.14%。

1998 年，美国劳伦斯利弗莫尔国家实验室的 Honea 等[3]采用半导体激光器端面泵浦、声光调 Q 技术，设计 V 形腔结构的腔内倍频绿光激光器，在重复频率为 10～30kHz 的条件下，得到最大功率为 140W 的绿光输出。同年，Chang 等[4]利用倍频 KTP 晶体，在腔内倍频 Nd:YAG 激光器中实现了 315W 绿光输出，激光器谐波转换效率达到了 82%。

2006 年，中国科学院物理所的 Bo 等[5]研究了在双 Nd:YAG 晶体棒串接的热介稳腔结构中，利用三硼酸锂（LiB_3O_5，LBO）晶体腔内倍频技术，得到了 218W 绿光输出，光束质量因子 M^2 约为 20.2。

此外，利用掺 Nd^{3+} 离子的激光增益介质中的 $4F_{3/2}\rightarrow 4I_{13/2}$ 能级跃迁，可获得波长为 1.3μm 的基频激光，结合腔内三倍频技术，同样可以实现 440nm 波长的蓝光输出。三倍频的主要方式有两种，第一种方式是直接利用三阶非线性效应进行三倍频，通常采用周期性极化晶体来提高转换效率[6]；第二种方式是先对波长为 1.3μm 的基频激光进行二倍频产生红光，再使倍频红光与剩余的基频激光进行和频，最终获得蓝光输出[7]。

5.1.2 腔外倍频蓝绿光激光器技术

结构上将非线性频率转换晶体放置在激光器谐振腔外，让基频激光在腔外通过倍频晶体，最终获得蓝绿光输出的一类激光器，统称为腔外倍频蓝绿光激光器。腔外倍频蓝绿光激光器的基频激光可以通过主控振荡器的功率放大器（master oscillator power-amplifier，MOPA）获得高能量或高功率输出，从而获得高脉冲能量的蓝绿光输出。这种方法的优点是可以获得高光束质量、大能量蓝绿光输出，但其谐波转换效率往往比腔内倍频方式略低。为了获得高谐波转换效率，腔外倍频过程需要基频激光脉冲具有较高的峰值功率和光束质量。

1994 年，美国劳伦斯利弗莫尔国家实验室的 Velsko 等[8]利用半导体激光泵浦的电光调 Q Nd:YAG 激光器，采用非线性 KTP 晶体进行腔外倍频，在重复频率为 2.5kHz 的情况下，得到了最大功率为 100W 的 532nm 波长的绿光输出。类似的工作还有，Pierre 等[9]采用非线性 KTP 晶体对一台 MOPA 的电光调 Q Nd:YAG 激光器实施腔外倍频，在重复频率为 2.5kHz 情况下，得到了最大功率为 175W 的 532nm 波长的绿光输出，倍频效率达到 45%。对于此类 MOPA 结构的腔外倍频绿光激光器，通过对基频激光光束质量的优化，最大倍频效率可高达 67%[10]。

腔外倍频技术被用来获得高能量、窄线宽绿光输出，在基于单频种子注入的“之”字形（zig-zag）板条 Nd:YAG 脉冲激光 MOPA 系统中，泵浦半导体激光工作在重复频率为 250Hz 的条件下，得到了单脉冲能量大于 400mJ 的绿光输出[11]，谐波转换效率大于 50%。

在腔外倍频蓝光激光器方面，利用掺 Nd^{3+} 离子激光增益介质中的准三能级 $4F_{3/2} \rightarrow 4I_{9/2}$ 跃迁，获得波长处于 0.9μm 附近的近红外基频激光输出，此时引入腔外倍频技术，就可获得高效的蓝光输出。2019 年，中国科学院上海光机所的 Lu 等[12]通过对输出波长为 946nm 的电光调 Q Nd:YAG 激光器实施腔外倍频，获得了 100Hz 重复频率下单脉冲能量大于 2mJ 的 473nm 波长的蓝光输出，激光器倍频效率高达 64.5%。

5.1.3　腔内和频蓝绿光激光器技术

在产生两个不同波长的基频激光振荡的激光器复合谐振腔内，通过在其共用光路臂位置插入非线性和频晶体，获得蓝绿光输出的激光器被称为腔内和频蓝绿光激光器。尽管腔内和频蓝绿光激光器具有结构简单、谐波转换效率高等优点，但是多种基频波长共谐振腔振荡存在激光束相位和波前的波动，会造成和频激光输出不稳定，从而影响激光器整体的转换效率和输出稳定性，此外，该类结构在获得高光束质量的蓝绿光输出方面存在较高的难度。

腔内和频蓝绿光激光器最典型的谐振腔结构是复合折叠腔式结构，其特点为折叠腔的双臂为基频激光振荡器，共用谐振腔部分插入所需的非线性晶体，即可将双基频激光通过非线性和频过程转换至蓝绿光波段。这种共光路结构可以实现较多单一波长的蓝绿光输出，其范围可涵盖从 424nm 到 500nm 的多个波长。值得指出的是，在该共光路结构下，两个相对独立的基频激光输出，需要对调 Q 时序进行严格控制[13-17]。

固体增益介质的级联泵浦设计也能实现双基频激光输出，从而实施腔内和频来获得蓝绿光输出。2021 年，胡晨雯[18]采用腔内级联式泵浦的 946nm/1030nm 双波长振荡激光器，在谐振腔内插入和频晶体，成功获得了最大功率为 426mW、波长为 493nm 的蓝绿光输出，光–光转换效率为 1.7%。

此外，利用双共振环形腔结构，同样可以通过和频技术，实现蓝绿光输出。2020 年，Kerdoncuff 等[19]利用连续输出的 1064.5nm 波长的光纤激光器与 849.2nm 波长的钛宝石激光器作为基频激光器，将两束激光导入特殊设计的双共振环形腔中，环形腔内放置周期极化的 PPKTP 晶体，成功获得了 472.4nm 波长的连续蓝光输出，其和频转换效率最高达到 83%，并实现了蓝绿光波段的可调谐输出。

5.1.4　光参量振荡蓝绿光激光器技术

在光参量振荡腔内，通过采用泵浦非线性晶体，获得蓝绿光波段的信号光输出的激光器被称为光参量振荡蓝绿光激光器。由于光参量振荡过程的信号光波长与非线性晶体的放置角度具有强关联，即存在最佳相位匹配角位置，因此，光参量振荡信号光的波长可以调谐输出，其调谐范围为深蓝波段到橙红波段。光参量振荡信号光输出波长随非线性晶体角度变化，对于小型化水下探测激光器的应用有一定的意义与价值，但同时也给激光器带来了一定的不稳定性。

利用紫外 355nm 波长脉冲激光泵浦偏硼酸钡（BBO）晶体的光参量振荡蓝绿光激光器，已成为一种可靠地获得蓝绿光输出的技术手段[20-21]，并且能够实现从深蓝至橙红波段的宽光谱可调谐输出。在具体实施过程中，为了降低单谐振 BBO-OPO 的阈值，提高 BBO-OPO 的转换效率，通常采用椭圆泵浦光斑以减小走离效应的影响[22]，同时设计具有自补偿走离效应的双 BBO 晶体对称放置光路结构，进一步起到增长等效增益长度、压窄信号光线宽的效果[23-24]。2018 年，中国科学院上海光机所的 Ma 等[25]报道了在紫外 355nm 波长脉冲激光泵浦单谐振 BBO-OPO 结构中获得波长为 486.1nm 的蓝光输出的研究结果，当紫外泵浦激光脉冲重复频率为 20Hz、单脉冲能量为 190mJ 时，OPO 输出蓝光脉冲能量大于 62mJ，光−光转换效率为 32.6%。2022 年，Wang 等[26]在类似的单谐振 BBO-OPO 结构中，只用单块 BBO 晶体演示了宽调谐输出，输出激光脉冲的波长调谐范围为 410～630nm。

5.2　全固态蓝光激光器技术

全固态激光器通常是指采用半导体激光器作为泵浦源的固体激光器，典型的有 Nd:YAG、Nd:YVO_4、Nd:YLF、Nd:Glass、Yb:YAG、钛宝石激光器等。泵浦用半导体激光器的结构形式可以是单管、线阵、面阵、叠层，或者是尾纤输出，具有非常好的设计灵活性；典型的泵浦结构有端面泵浦、侧面泵浦、角泵浦、波导泵浦等。由于半导体激光器具有光谱窄、波长可调谐等特性，作为泵浦源时可以精准匹配固体增益介质的吸收光谱线，显著提高增益介质对泵浦激光的吸收效率，因此，全固态激光器具有结构紧凑、转换效率高、输出功率大、光束质量好，以及工作稳定的优点，在多个领域中广泛应用。

全固态蓝绿光激光器的小型轻量化、高重复频率、高电光效率等固有特征，非常适合在海洋环境中应用。

5.2.1　基于钛宝石的蓝光激光器技术

钛宝石激光器具有宽调谐输出特征，其调谐范围可以覆盖从红光到近红外波段。对钛宝石激光器输出基波进行二倍频、三倍频甚至四倍频非线性频率变换，就能够进一步扩展其波长范围，如图 5-1 所示。显然，钛宝石激光器具备获得从深紫外到红外波段大光谱范围连续可调谐激光输出的能力，因此，基于钛宝石的蓝绿光输出技术也得到了一定的发展。

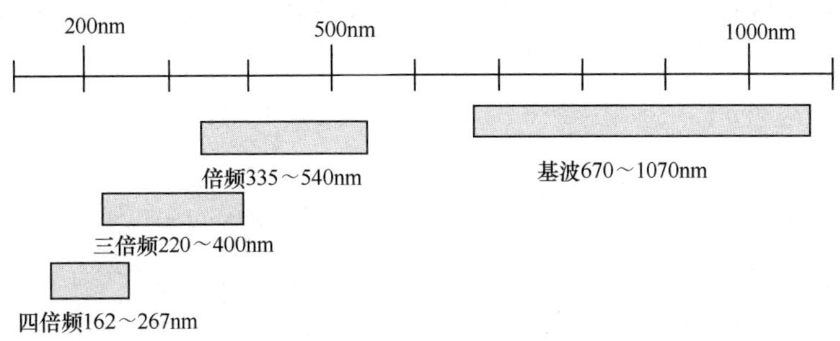

图 5-1　钛宝石激光器基波及倍频变换可覆盖的波长范围

1．钛宝石激光器和频获得蓝光输出技术

采用 BBO 晶体，将钛宝石激光器泵浦源 Nd:YAG 激光器的基频波长为 1064nm 的激光与输出波长为 774.5nm 的单频钛宝石激光器激光和频，可获得波长为 448.2nm 的蓝光输出。通过理论仿真计算可知，BBO 晶体I类相位匹配切割的有效非线性系数要比II类相位匹配切割的有效非线性系数大。因此，实际和频应用中通常采用的是 BBO 晶体的I类相位匹配方式。对于采用I类相位匹配方式的和频过程，可以表示为 1064nm(o)+774.5nm(o)→448.2nm(e)，进一步根据 BBO 晶体的色散方程计算得到折射率参数，最终可以计算得到 BBO 晶体的相位匹配角为 24.4°。

2．钛宝石激光器倍频获得 455nm 波长技术

采用非线性 BBO 晶体对 910nm 波长钛宝石激光器进行倍频时，存在两类相位匹配切割设计，其I类、II类相位匹配的有效非线性系数分别为：I类相位匹配，d_{eff}=3.37pm/V；II类相位匹配，d_{eff}=2.31pm/V。很显然，BBO 晶体I类相位匹配的有

效非线性系数大于II类相位匹配，因此，实际应用往往选用I类切割的 BBO 晶体进行倍频实验。

5.2.2 基于准三能级 0.9μm 波长的蓝光激光器技术

利用全固态激光器中掺 Nd^{3+}离子激光增益介质中的 $^4F_{3/2}$→$^4I_{9/2}$ 能级跃迁，可以获得 0.9μm 波长的基频激光输出，结合倍频技术，能够得到高功率、高光束质量的蓝光脉冲。目前，常用的准三能级激光增益介质有 Nd:YAG、Nd:YVO_4、Nd:$GdVO_4$ 等晶体。随着激光材料的发展，更多的新型晶体可用于产生 0.9μm 波长的激光。

准三能级激光系统受限于较小的受激发射截面，与四能级跃迁辐射存在增益竞争，必须通过特殊的腔镜镀膜等技术手段，有效抑制四能级跃迁激光的起振。所以，在探索适用于准三能级激光的增益介质时，需要重点考虑 $^4F_{3/2}$→$^4I_{9/2}$ 能级跃迁中激光的受激发射截面。在常用的几种准三能级激光增益介质中，Nd:YAG、Nd:YAP、Nd:$GdVO_4$ 等晶体在 0.9μm 波长处的受激发射截面仅为 1μm 波长处的 1/10 左右，并且也小于四能级辐射 1.3μm 波长的受激发射截面。这意味着相比于四能级跃迁辐射，产生 0.9μm 波长的激光更加困难。

重复频率为 1kHz 的电光调 Q Nd:YAG 晶体 946nm 激光器及腔外倍频实验装置如图 5-2 所示。激光增益介质采用 Nd:YAG 双端键合晶体以降低端面热效应，采用磷酸氧钛铷（RTP）晶体作为电光 Q 开关。

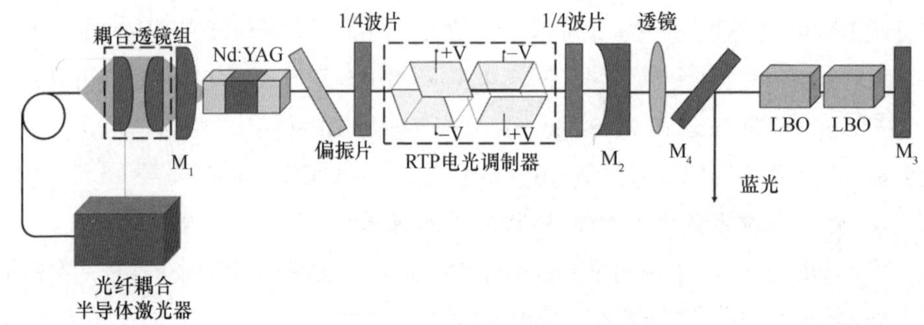

图 5-2 电光调 Q Nd:YAG 晶体 946nm 激光器及腔外倍频实验装置

激光谐振腔输出耦合透镜组的透过率为 20%，在泵浦功率为 11.1W 时，946nm 波长连续激光脉冲输出功率为 1.35W，光−光转换效率为 12.2%，斜率效率为 17.8%。保持泵浦功率不变，当电光 Q 开关以 1kHz 重复频率工作时，946nm 波长激光脉冲的平均输出功率约为 410mW，光−光转换效率为 3.7%，斜率效率为 5.5%，激光脉冲宽度为 15.4ns。激光束水平方向的 M^2 值为 1.6，竖直方向的 M^2 值为 1.3。对输出波长为 946nm 的激光脉冲进行腔外倍频，结合双倍频晶体串接以及双程倍频光路设计，成功获得 473nm 波长蓝光输出。为提高腔外倍频的效率，波长为 946nm 的基频激光经透镜聚焦后依次经过两块 LBO 晶体，倍频产生的蓝光和基频激光被 M_3 镜反射，再次通过两块 LBO 晶体，最后蓝光被双色镜 M_4 反射输出。

当注入波长为 946nm 的基频激光平均输出功率为 410mW 时，倍频波长为 473nm 的蓝光激光的最大平均输出功率可以达到 80.2mW，相应的倍频转换效率为 19.6%。虽然使用透镜聚焦后基频激光的功率密度得到提升，但是光斑尺寸越小，光束发散角越大，带来的相位失配限制了倍频效率的进一步提高，这在一定程度上影响了蓝光输出的功率的提升。

利用 Nd:YLF 晶体的准三能级跃迁辐射波长 0.9μm（π 偏振 903nm、σ 偏振 908nm）和四能级跃迁辐射波长 1μm（π 偏振 1047nm、σ 偏振 1053nm）和频，可以获得蓝光输出，其相位匹配方式可表示为：903nm(o)+1053nm(o)→486nm(e)；908nm(o)+1047nm(o)→486nm(e)。腔内和频输出 486nm 波长的蓝光激光器实验装置如图 5-3 所示，整个激光系统是由两个电光调 Q Nd:YLF 激光谐振腔复合而成的。在这两个激光谐振腔中，分别形成 908nm 和 1047nm 波长的激光振荡。L 形腔为 908nm 波长激光谐振腔，直线腔为 1047nm 波长激光谐振腔。两束基频激光通过在共用光路的 LBO 晶体和频，实现波长为 486nm 蓝光输出。

重复频率为 100Hz 时，在总泵浦脉冲能量为 67.3mJ 的情况下，测量的输出蓝光脉冲中心波长为 486.3nm，光谱带宽为 0.07nm，获得 203μJ 的最大输出脉冲能量。相应的光−光转换效率仅有 0.3%，斜率效率为 0.9%，这主要是由于 908nm 波长的激光脉冲功率密度过低，并且脉冲宽度过宽。486nm 波长的蓝光脉冲宽度约为 20ns。相较于 908nm 和 1047nm 波长的基频激光的脉冲宽度，腔内和频产生的 486nm 波长的蓝光脉冲宽度明显变窄。蓝光光束质量因子分别为 $M_y^2 = 1.81$，$M_x^2 = 1.94$。

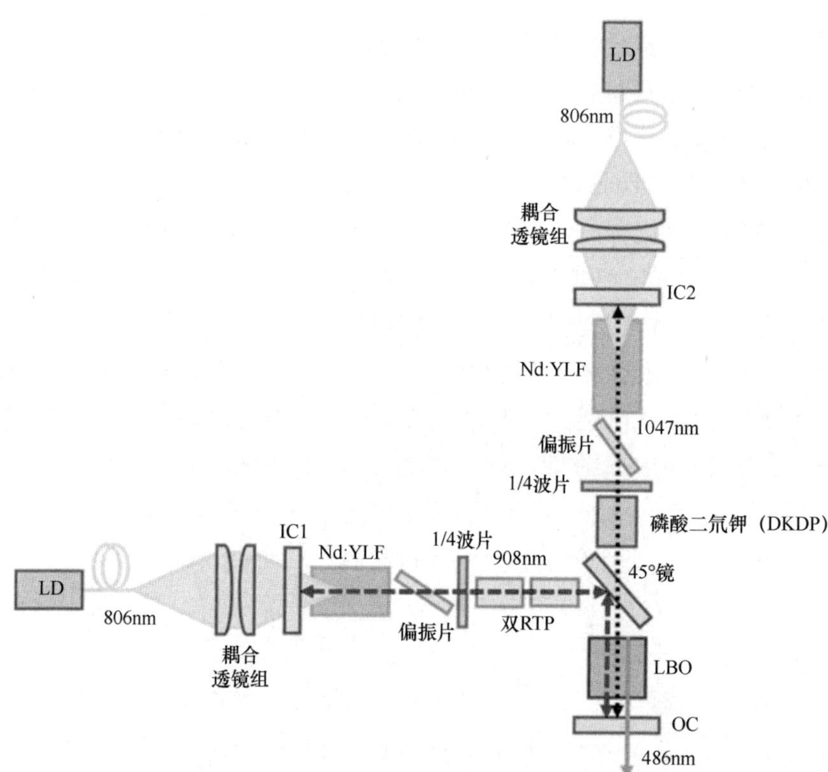

图 5-3 腔内和频输出 486nm 波长的蓝光激光器实验装置

5.2.3 基于 1.3μm 波长的蓝光激光器技术

获得全固态蓝光激光器的另一种有效方式是 1.3μm 波长激光器的三倍频输出，即首先利用掺 Nd^{3+}离子固体激光增益介质中的 $^4F_{3/2}\rightarrow{}^4I_{13/2}$ 能级跃迁，获得 1.3μm 波长基频激光脉冲输出，然后将红外 1.3μm 波长的基频激光脉冲通过倍频晶体获得红光波段的激光输出，倍频输出的红光与剩余的基频激光和频后最终可以获得 440nm 波长附近的蓝光输出。

作为一个特例，我们对采用 Nd:YAP 晶体作为激光增益介质，结合声光调 Q 技术，实现三倍频蓝光输出的激光器进行详细介绍。

端面泵浦声光调 Q Nd:YAP 1.3μm 波长输出激光器及其腔外三倍频实验装置如图 5-4 所示[27]。尾纤输出的半导体泵浦源中心波长为 808nm，光纤芯径为 200μm，数值孔径大小为 0.22，其最大输出功率为 25W。LD 输出的泵浦激光经过焦距比为 1:2 的光纤耦合进入增益介质内。激光增益介质采用中国科学院上海光机所生产的 Nd:YAP 晶体，掺 Nd^{3+}离子浓度为 0.9%，晶体沿 b 轴切割，尺寸为 3mm×3mm×10mm，晶体两端镀有 808nm、1079nm 以及 1341.4nm 三波长抗反射膜。激光谐振腔为简单直腔结构，全反镜 M_1 镀有 808nm 波长增透膜（透过率 T>95%）和 1341.4nm 波长高反膜（反射率 R>99.8%）。输出镜 M_2 对 1341.4nm 波长的透过率为 15%，同时，为了抑制 1079nm 波长激光的振荡，两腔镜都镀有 1079nm 波长增透膜（T>97%）。声光 Q 开关重复频率可变范围为 0～50kHz。激光器谐振腔的几何腔长约为 10cm。

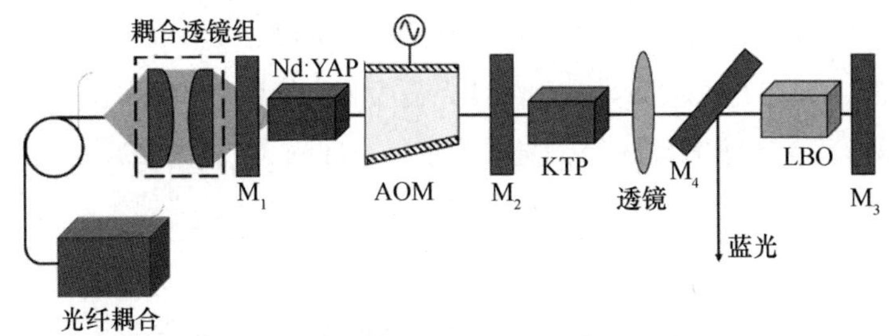

图 5-4　端面泵浦声光调 Q Nd:YAP 1.3μm 波长输出激光器及其腔外三倍频实验装置

在泵浦功率为 20.5W 时，腔外倍频获得最大功率为 100mW 的波长为 670.7nm 的红光输出，对应由基频激光到红光的倍频转换效率为 12%。而获得波长为 447nm 的蓝光输出的最大功率为 35.5mW，对应由基频激光到蓝光的三倍频谐波转换效率为 4.26%。

腔内和频 447nm 波长蓝光全固态激光器实验装置如图 5-5 所示。半导体泵浦源、激光增益介质以及声光 Q 开关与前述实验相同。最大的不同是将倍频 KTP 晶体与和频 LBO 晶体直接插入谐振腔内光路中，在谐振腔内部完成谐波转换。这类腔内三倍频激光器设计，特别需要保证两块非线性晶体的同轴度，以实现最佳相位匹配工作状态。激光谐振腔腔镜 M_1 镀膜情况为 HR@447nm&670.7nm&1341.4nm，此处，为了抑制 1079nm 波长的振荡，还需镀有针对 1079nm 波长的减反膜（T>89%）；

M_2镜镀膜要求为 HR@670.7nm&1341.4nm，HT@447nm。

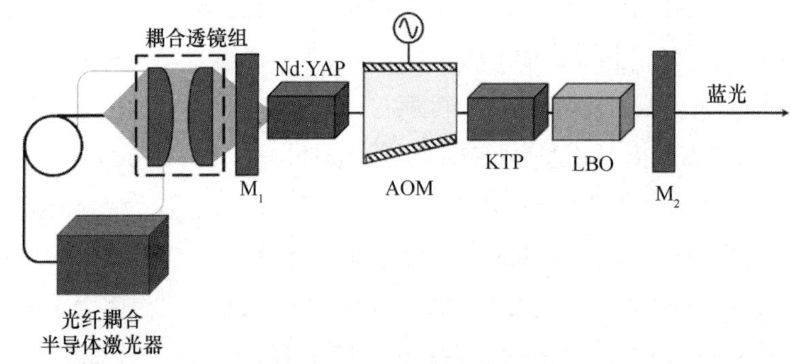

图 5-5　腔内和频 447nm 波长蓝光全固态激光器实验装置

当泵浦功率提升到 20.5W 时，腔内和频获得的 447nm 波长蓝光输出的最大功率达到 60.4mW，对应由泵浦激光到和频蓝光输出的转换效率约为 0.3%。蓝光脉冲宽度为 16.1ns，重复频率为 5kHz，测量得到水平方向的 M^2 值为 2.5，竖直方向的 M^2 值为 2.2。

5.3　全固态绿光激光器技术

输出激光波长在 500～560nm 光谱范围的半导体激光泵浦固体激光器统称为全固态绿光激光器。全固态绿光激光器因其技术成熟、性能可靠，是目前海洋激光遥感和水下无线光通信应用系统的主流光源之一，尤其适合近岸水域的水下探测应用。针对水下激光探测和通信系统对发射光源的需求，笔者所在研究团队持续开展了紧凑型全固态绿光大能量脉冲激光器的研究工作。目前缺乏能直接输出高功率绿光的固体增益材料，要实现全固态激光器的绿光输出，典型的方法仍然是对掺 Nd^{3+}离子固体激光增益介质（如 Nd:YAG、Nd:YVO_4或 Nd:YLF 等）输出的近红外波长激光进行非线性频率转换。

当前最常用的、产生 1μm 近红外激光输出的 3 种掺 Nd^{3+}离子固体激光增益介质 Nd:YVO_4、Nd:YAG 和 Nd:YLF 晶体的关键光物理参数对比见表 5-1。针对上述 3 种晶体的不同特性，根据水下无线光通信系统对激光源的参数要求，笔者所在研究团队开展了选用不同晶体的紧凑型绿光全固态激光技术研究。

表 5-1 3 种掺 Nd^{3+}离子固体激光增益介质的关键光物理参数对比

晶体	发射截面/cm^2	荧光寿命/μs	吸收系数/cm^{-1}
$Nd:YVO_4$	15.6×10^{-19}	100	2.7@808nm(0.3%) 1.61@880nm(0.3%)
Nd:YAG	2.8×10^{-19}	230	7@808nm(1%)
Nd:YLF	$1.8\times10^{-19}(\pi)$ $1.2\times10^{-19}(\sigma)$	480	3.59@792nm，σ 偏振 10.8@792nm，π 偏振 5.25@797nm，σ 偏振 8@797nm，π 偏振 2.62@808nm(1%)，σ 偏振 2.52@808nm(1%)，π 偏振

5.3.1 基于 Nd:YLF 晶体的绿光激光器技术

Nd:YLF 晶体具有上能级荧光寿命较长（480μs）、储能效果好的特点，非常有利于实现大脉冲能量激光输出。另外，Nd:YLF 晶体的自然双折射大于热致双折射，有利于输出获得高效率谐波转换所需要的具有高消光比的线偏振基频激光。理论上，沿 a 轴切割 Nd:YLF 晶体可以同时产生 1053nm（σ 偏振）和 1047nm（π 偏振）两种波长的激光辐射。在较低泵浦功率下，1047nm 波长会首先起振，这是因为 1047nm 波长能级跃迁的发射截面较大。当泵浦功率逐渐增大时，1053nm 波长激光也开始起振，同时输出 1053nm 和 1047nm 两种波长的激光。如果 Nd:YLF 晶体的光轴方向（c 轴）垂直于腔平面，在腔内插入布儒斯特偏振片后，其 π 偏振态的 1047nm 波长激光振荡受到限制，只允许 σ 偏振态的 1053nm 波长激光形成振荡。反之，如果 Nd:YLF 晶体的光轴方向平行于腔平面，在腔内插入布儒斯特偏振片后，σ 偏振态的 1053nm 波长激光振荡会受到限制，只允许 π 偏振态的 1047nm 波长激光形成振荡。利用 Nd:YLF 晶体这个特性，再通过倍频器倍频，可获得 526.5nm 和 523.5nm 波长绿光输出。因此，基于 Nd:YLF 晶体的绿光激光器在水下无线光通信领域是相当有竞争力的光源。

1. 紧凑型 Nd:YLF 绿光激光器技术

通常，水下无线光通信系统对光源的体积和功耗有特殊的限制要求，其中最基本的要求是光源必须实现小型化和高效率，为了满足这个要求，作为水下无线光通信系统光源的绿光激光器通常会采用腔内倍频的技术路线。

笔者所在研究团队研制的紧凑型 Nd:YLF 绿光激光器实验装置如图 5-6 所示[28]。考虑 Nd:YLF 晶体应力断裂阈值较低，长度过长的晶体将增大夹持应力和热应变的断裂风险，因此采用两块长度为 12mm 的沿 *a* 轴切割的 Nd:YLF 晶体串接。两块晶体置于同一个紫铜热沉上，两者之间的距离小于 1mm，采用传导冷却方式对晶体除通光面之外的 4 个侧面进行散热。为了减小谐振腔的外形尺寸、提高结构稳定性，采用凹面镜 M_4 与平面镜 M_1、M_2 和 M_3 构成“U”形折叠腔排布。DKDP 泡克耳斯盒与偏振片、1/4 波片构成电光 Q 开关，腔内插入 I 类相位匹配切割的非线性 LBO 晶体作为倍频器。

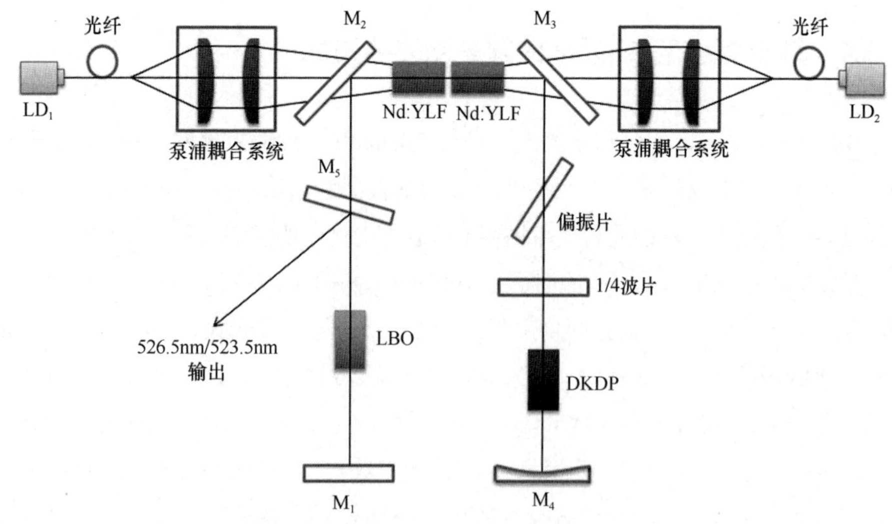

图 5-6 紧凑型 Nd:YLF 绿光激光器实验装置

Nd:YLF 晶体的吸收光谱存在 3 个吸收峰，分别对应 792nm、797nm 和 806nm 波长。初期的实验工作中，分别采用上述 3 种波长进行效果对比，结果发现，对于同一掺杂浓度的 Nd:YLF 晶体，由于其对 792nm 和 797nm 波长泵浦激光的吸收系数较大，当泵浦功率较高时，Nd:YLF 晶体端面浅表层区域容易因为对泵浦激光的强吸收出现热应变断裂，最终限制了激光输出脉冲能量的提高。而对于 806nm 波长吸收峰，其吸收系数相对较小且变化平坦，Nd:YLF 晶体在通光方向对泵浦光的吸收相对均匀，使靠近入射端面的强吸收现象得到缓解，在相同条件下可以输入较大的泵浦功率而不出现晶体端面热应变断裂现象，能够获得大能量基波脉冲输出。因此，最终选用的 LD 泵浦激光中心波长统一为 806nm。通过选择合适的泵浦激光波长，以及合适的掺杂浓度，可以有效缓解端面泵浦 Nd:YLF 晶体增大泵浦功率出现热应变断裂的问题。激光器泵浦源采用光纤耦合输出半导体激光器，中心波长为 806nm。采用双端泵浦结构设计，LD 光纤输出芯径 D=600μm，数值孔径 NA=0.22，经过泵浦耦合系统后，分别聚焦进两个串接的 Nd:YLF 晶体。泵浦 LD 以脉冲方式工作，重复频率为 500Hz，泵浦脉冲宽度设置为 480μs，与 Nd:YLF 晶体的弛豫时间相匹配，以期获得最大的激发态储能。

（1）526.5nm 波长绿光输出

在两块 Nd:YLF 晶体的光轴方向垂直于谐振腔平面的情况下，激光器工作在 500Hz 重复频率，当半导体激光平均泵浦功率为 25W 时，可得到最大平均功率约为 5.5W 的 526.5nm 波长绿光输出，泵浦激光到绿光输出的光−光转换效率为 22%，激光器斜率效率达到 23.3%。相应的绿光单脉冲能量约为 11mJ，脉冲宽度≤15ns，脉冲峰值功率约为 0.73MW。

为了检验该绿光激光器的工作稳定性，笔者所在研究团队实时监测了激光器连续工作 1h 内的 526.5nm 波长绿光输出功率的变化情况，采用每隔 5min 记录一个功率数据的采集频率。若激光器工作在接近最高输出功率 5.35W 的状态下，绿光输出功率起伏的均方差仅为 0.06W，不稳定度优于 1.16%。测量结果显示，该激光器具有很好的输出稳定性。

用 Spiricon M^2-200 光束质量分析仪测量了最大绿光输出条件下的激光光束质量，测得光束质量因子分别为 M_x^2=1.28、M_y^2=1.12。说明该激光器在获得高重复频率、大能量绿光输出的同时，也保证了较优异的光束质量，接近基横模 TEM_{00} 输出。

（2）523.5nm 波长绿光输出

在同样的谐振腔结构中，将两块沿 a 轴切割的 Nd:YLF 晶体的光轴方向变更为平行于谐振腔平面，可获得 523.5nm 波长绿光输出。需要指出的是，相对于σ偏振的 1053nm 波长基波，π偏振的 1047nm 波长基波输出会产生较明显的负透镜效应，需要在腔内额外插入正透镜进行热效应补偿，否则极易引起激光输出脉冲能量饱和。当重复频率为 500Hz，泵浦脉冲能量输入为 58mJ 时，获得大于 16mJ 的 523.5nm 波长绿光输出，光−光转换效率约为 29%。激光器工作在最大脉冲能量输出状态时，测得 523.5nm 波长绿光的光束质量因子为 $M_x^2 = 2.4$ 、$M_y^2 = 2.5$ 。由于 1047nm 波长基波有较明显的热透镜效应，经过腔内倍频获得的 523.5nm 波长激光光束质量相较于 526.5nm 波长激光有所劣化，但仍然能够满足水下无线光通信系统对激光光束质量的要求。

在相关项目支持下，笔者所在研究团队研制了多款基于 Nd:YLF 晶体的小型化高效率绿光激光器工程样机，如图 5-7 所示，并成功应用于水下无线光通信系统中，输出激光的各项指标稳定可靠。

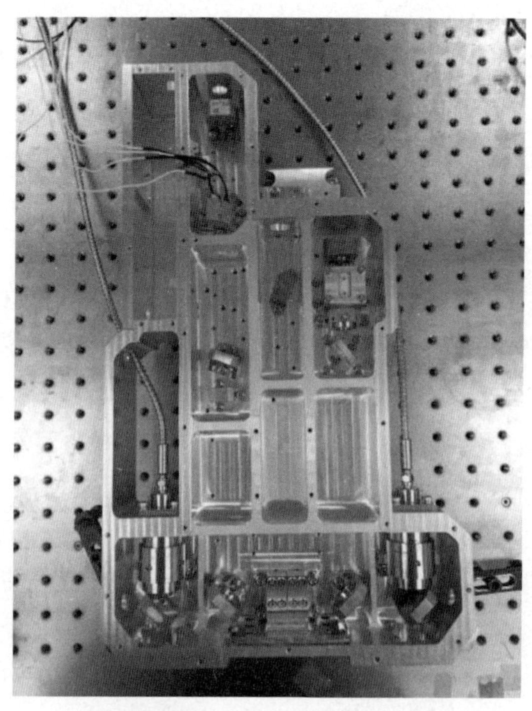

图 5-7　Nd:YLF 绿光激光器工程样机

2. 大能量 Nd:YLF 绿光激光器技术

与 Nd:YAG、Nd:YVO_4 等晶体相比，Nd:YLF 晶体具有较长的上能级寿命，储能效果更好。因此，在不限制功耗和体积的应用平台上，可采用基于 Nd:YLF 激光器 MOPA 结构获得大能量 1064nm 波长基频激光输出，进一步采用腔外倍频的方式，最终获得大能量绿光输出，满足特定的应用需求。

为了提高水下无线光通信系统的远距离通信能力，笔者所在研究团队开展了基于 Nd:YLF 晶体的腔外倍频大能量绿光激光器研究工作。通过改变 Nd:YLF 晶体的光轴安装方向，成功实现了 523.5nm 和 526.5nm 两个波长的大能量绿光输出。

（1）523.5nm 波长大能量绿光激光器

基于 Nd:YLF 晶体的 1047nm 波长 MOPA 系统实验装置如图 5-8 所示，该系统包含了两级预放大器和两级主放大器（功率放大器）。激光振荡器采用和上述相似的双端泵浦 U 形折叠腔结构，输出的种子激光经法拉第隔离器和 1/2 波片进入激光板条放大系统，可以防止放大器链路中的器件表面反馈光影响激光振荡器的稳定输出。信号光在每级放大系统的光斑大小分别由各自的扩束系统精确控制，以获得较高的交叠效率，同时减少衍射效应带来的光学畸变。为了补偿放大器板条晶体的热透镜效应，在每两级放大器之间分别插入 x、y 方向的柱面镜进行激光束的两维校正。

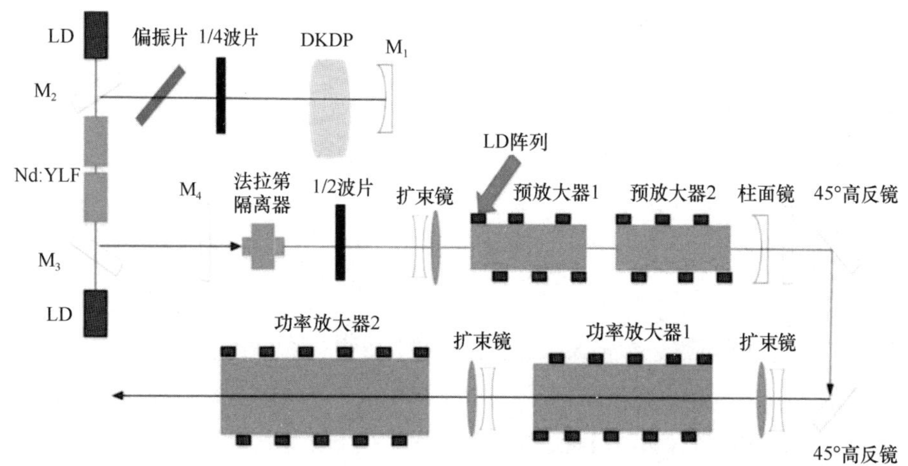

图 5-8　基于 Nd:YLF 晶体的 1047nm 波长 MOPA 系统实验装置

在每级放大器中，泵浦冷却模块有着相似的结构设计，示意如图 5-9 所示。板条晶体被紫铜热沉上下弱应力夹持，热沉通水冷却。泵浦源半导体激光阵列错位分布在板条晶体两侧，泵浦光通过自主设计的梯形波导棱镜匀化后，侧向耦合进入板条晶体内部。LD 阵列通过侧面的紫铜热沉通水冷却。通过精密装配测试，放大器板条晶体的上下面紫铜热沉和侧面的 LD 阵列紫铜热沉集成为一个独立完整的放大器头部模块。

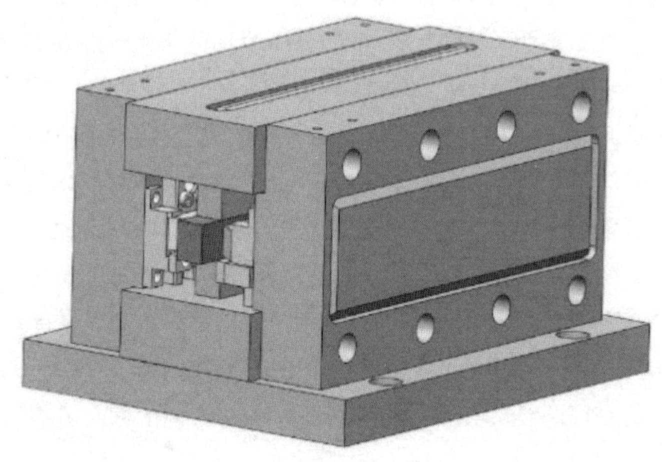

图 5-9 泵浦冷却模块示意

激光板条放大系统选用的增益介质是掺 Nd^{3+}离子浓度约为 1%的 Nd:YLF 板条晶体。为了抑制晶体内部的寄生振荡，将晶体的端面切成 3°角，晶体的 4 个侧面中 3 个加工成光学毛面，1 个面抛光。整个系统工作的重复频率为 50Hz，将能量为 15mJ 的 1047nm 波长信号光脉冲注入放大器链路中，经放大器放大后可获得的输出脉冲能量与泵浦脉冲能量的关系曲线如图 5-10 所示。在激光脉冲放大过程的初始阶段，放大器放大曲线呈现指数增长态势，之后趋于线性，在整个放大过程中，没有观察到明显的放大饱和现象。在最大泵浦脉冲能量为 6.6J 时，得到了 840mJ 的最大输出脉冲能量。图 5-10 同时显示了基于 Frantz-Nodvik（F-N）方程理论模拟计算的放大器放大曲线，通过比较可以发现，理论预期与实验结果吻合较好，整个激光板条放大系统的光–光转换效率为 12.5%，输出脉冲宽度约为 9ns，峰值功率为 93MW。

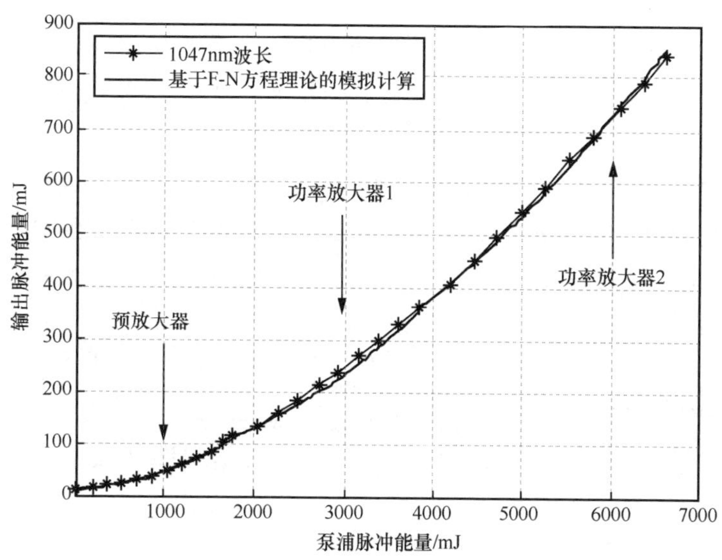

图 5-10　激光放大器输出脉冲能量和泵浦脉冲能量的关系

在放大激光脉冲处于最大输出脉冲能量的工作状态下，测得激光光束质量因子为 $M_x^2 = 3.26$、$M_y^2 = 4.29$。激光光斑远场光强分布如图 5-11 所示，呈现为矩形，且矩形光斑内部强度分布呈现出理想的均匀分布态势，放大激光脉冲的激光光斑呈现这种非高斯型的空间强度分布，主要是高阶热效应和非对称的泵浦与冷却结构导致的。

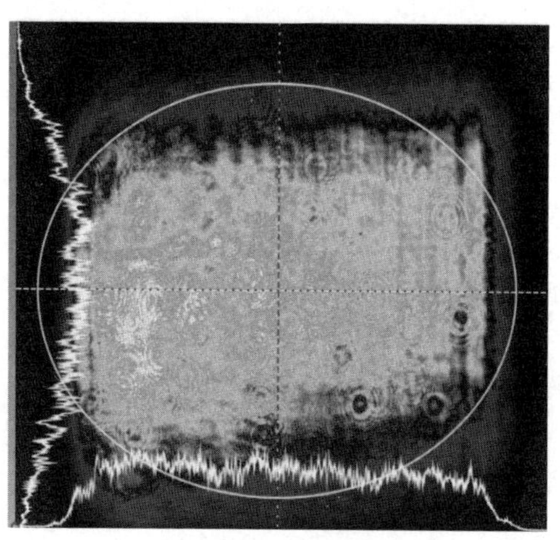

图 5-11　激光光斑远场光强分布

输出脉冲能量稳定性是考核大能量激光器系统的一个核心技术指标，当激光器工作在最大输出脉冲能量的状态下，监测了持续 1h 的放大激光输出脉冲能量实时变化情况时，激光放大器输出脉冲能量不稳定性低于 0.6%。

获得大能量绿光激光输出的腔外倍频实验装置如图 5-12 所示，倍频晶体同样选择 I 类相位匹配切割的 LBO 晶体，通过 1/2 波片来改变基频激光的偏振方向，再经过缩束镜对基频激光光束实施缩束，以提高进入倍频 LBO 晶体的基波光功率密度。

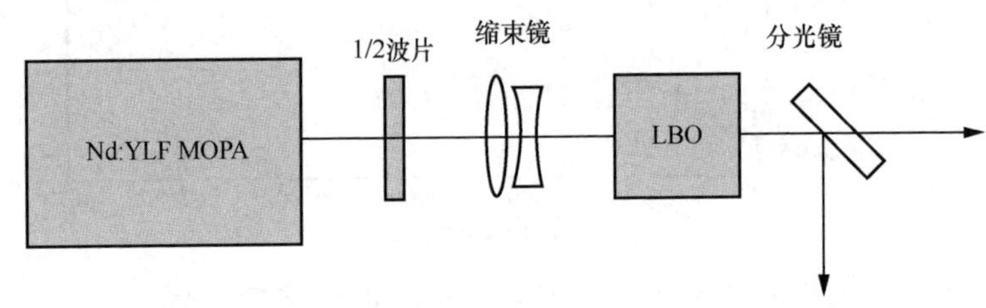

图 5-12　腔外倍频实验装置

Nd:YLF 激光器系统基频激光（波长 1047nm）和倍频激光（波长 523.5nm）的输出脉冲能量与泵浦脉冲能量的关系如图 5-13 所示。当泵浦脉冲能量增加到 6.6J 时，最大倍频绿光输出脉冲能量达到 520mJ，此时的倍频效率达到 62%。

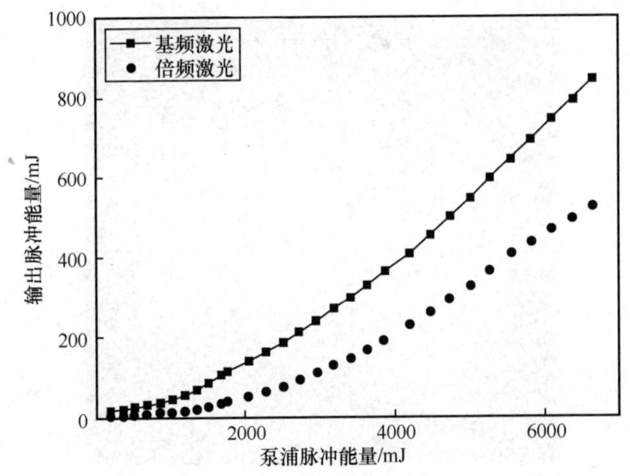

图 5-13　基频激光和倍频激光的输出脉冲能量与泵浦脉冲能量的关系

（2）526.5nm 波长大能量绿光激光器

1053nm 波长 MOPA 系统实验装置如图 5-14 所示，重复频率为 50Hz，半导体激光泵浦的冷却结构与上述 1047nm 放大器结构类似。振荡器输出的基频种子激光脉冲经法拉第隔离器和 1/2 波片进入激光板条放大系统。由于 Nd:YLF 晶体在 σ 偏振方向上的发射截面较小，为了获得更高的光–光转换效率，将前端的预放大器设计成双程结构。由于 Nd:YLF 晶体对信号光的放大有偏振要求，实验中法拉第旋光器、1/2 波片和全反射镜 M_5 的组合使信号光在两次通过板条晶体时保持相同的偏振态，同时偏振片使放大后的激光从原光路中分离。由于 Nd:YLF 晶体对 σ 偏振光的热光系数只有 π 偏振光的 1/2，所以 1053nm 波长的 MOPA 系统在竖直方向上的热透镜效应弱于 1047nm 波长。当输入泵浦脉冲能量达到 6.6J 时，1053nm 波长的 MOPA 系统最大的输出脉冲能量为 655mJ，光–光转换效率为 9.7%，光束质量因子为 $M_x^2=7.0$、$M_y^2=4.6$ 。测试结果显示，双程放大器获得的光束质量较单程放大器有一定的恶化。最终，采用相似的腔外倍频结构，获得了最高 400mJ 的 526.5nm 波长绿光输出，倍频效率达到 61%。

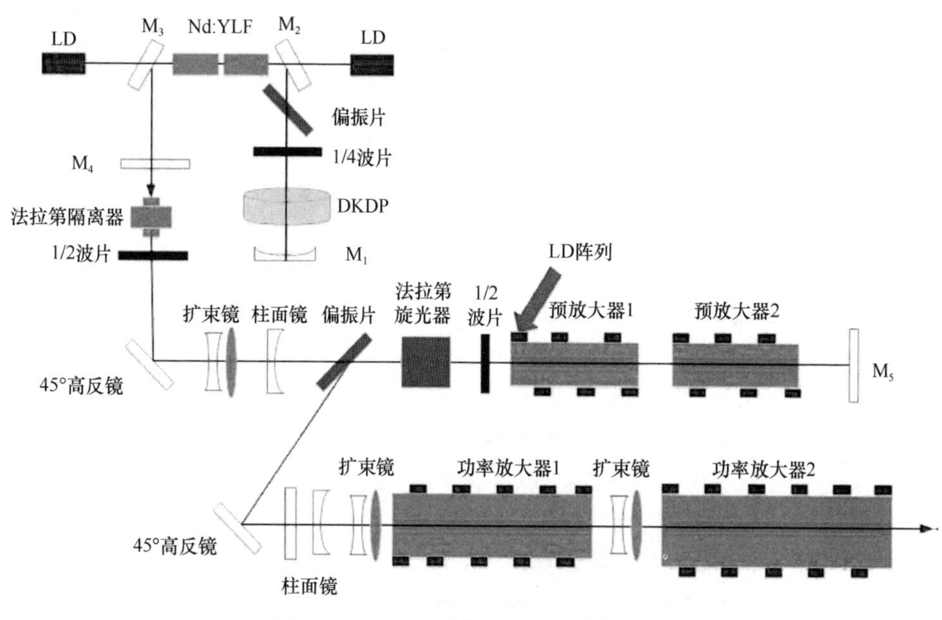

图 5-14　1053nm 波长 MOPA 系统实验装置

5.3.2 基于 Nd:YAG 晶体的绿光激光器技术

1. 小型化 Nd:YAG 绿光激光器

全固态 Nd:YAG 晶体激光器也是获得绿光输出的一类典型激光器。笔者所在研究团队研制的紧凑型调 Q Nd:YAG 绿光激光器实验装置如图 5-15 所示，采用半导体激光器双端面泵浦激光晶体的腔内倍频结构，倍频晶体采用 LBO。由于 Nd:YAG 晶体的热退偏效应较严重，增益介质选择掺 Nd^{3+}离子浓度为 0.3%的 Nd:YAG 双端键合晶体，以降低晶体的热效应。通过对激光器的谐振腔型结构及模式匹配进行优化设计，最终实现了重复频率为 500Hz、单脉冲能量大于 15mJ 的 532nm 波长绿光输出，激光器的光-光转换效率大于 20%，研发成功的工程样机如图 5-16 所示。

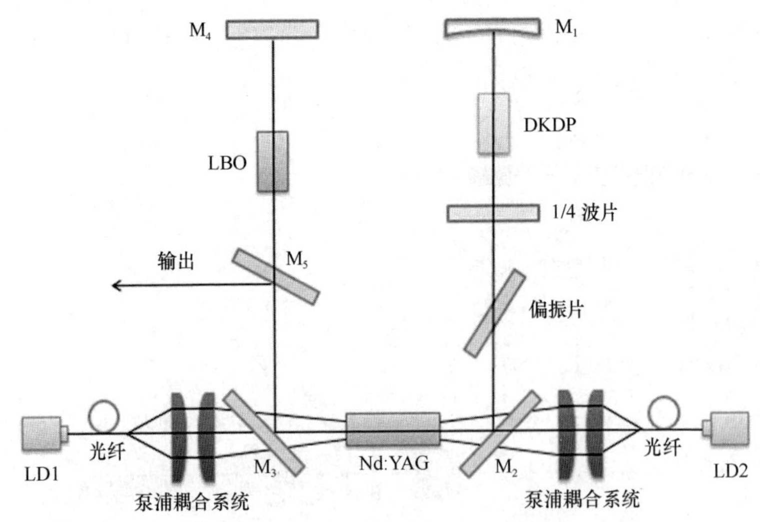

图 5-15 紧凑型调 Q Nd:YAG 绿光激光器实验装置

2. 单频 Nd:YAG 绿光激光器

在激光海洋应用中，高光谱探测技术、光子计数探测技术、抑制噪声的超窄线宽光学滤波技术等都需要蓝绿光发射源具有光谱窄线宽特征。为了实现激光器的单频输出，首先要用频率粗选法抑制增益介质多余的荧光谱线，使之只保留一条荧光谱线；其次因为不同的横模具有一系列不同的谐振频率，所以要用横模选择法选出基横模。在此基础上进行单纵模选择才可以实现单频输出。

图 5-16　紧凑型调 Q Nd:YAG 绿光激光器工程样机

目前，实现单频激光输出的方法主要有干涉选模法、纵模选择加强法和单频种子注入法等。使用干涉选模和纵模选择加强相结合的方法可以在被动调 Q 激光器中压窄激光线宽，实现单纵模输出。然而，在主动调 Q 高功率激光器中，由于谐振腔内光功率密度高，激光建立时间短，简单地采用干涉选模法或纵模选择加强法往往难以获得稳定可靠的单频输出。此外，选模元件的引入也会增加腔内损耗，导致激光器输出功率降低，最终影响谐振腔的稳定可靠性。在高峰值功率的主动调 Q 全固态激光器中，插入谐振腔内部光路的光谱选择元件，其损伤阈值相对较低，工作时容易出现光损伤问题，导致激光器不能稳定输出单频窄线宽激光。

种子注入技术可以克服上述缺点,在主动调Q激光器中实现高功率单纵模输出。注入的种子激光器所需功率较低，对其光谱控制相对容易，可以将光谱特性优良的种子激光注入振荡器中，通过模式竞争获得最靠近种子激光频率的单纵模高功率激光输出，也可以将低功率种子激光注入功率放大器，获得窄线宽高功率激光输出。

将种子注入技术与腔内倍频技术相结合，可直接在振荡器中获得高转换效率的绿光单频激光输出，结构紧凑，可满足小型化应用要求。

笔者所在研究团队研制的腔内倍频种子注入单频绿光Nd:YAG激光器实验装置如图 5-17 所示，单频种子激光源采用自主研发的 Nd:YAG 晶体非平面环形腔（NPRO）激光器，其瞬时线宽小于 2kHz，输出功率为 500mW。两个高功率隔离器串联获得大于 60dB 的隔离度，保护种子激光源输出不受后续光路回光的影响。偏振片 P、1/4 波片和调 Q 晶体 DKDP 组成电光 Q 开关，其加载为 1/4 波长电压。晶体两端的两个 1/4 波片用于消除增益介质内部的空间烧孔效应，抑制其他纵模竞争起振。泵浦源是光纤耦合高功率半导体激光器，连续输出峰值功率为 150W，以脉冲方式工作。后腔镜 M_1 的透过率为 5%，M_2 为全反镜。1/2 波片、LBO 晶体、分光镜 M_3 构成倍频单元输出 532nm 波长绿光。激光晶体棒采用几何尺寸为 $\Phi 4\times(5+10+5)\text{mm}^3$ 的双端键合晶体，中间掺杂区的浓度为 0.5%。倍频晶体是 I 类相位匹配切割的 LBO 晶体，几何尺寸为 4mm×4mm×12mm，旋转 1/2 波片可以获得 LBO 晶体所要求的基波入射光偏振方向。激光器在 1kHz 重复频率下运转，热透镜效应严重，因此插入补偿负透镜 f_c 进行补偿。

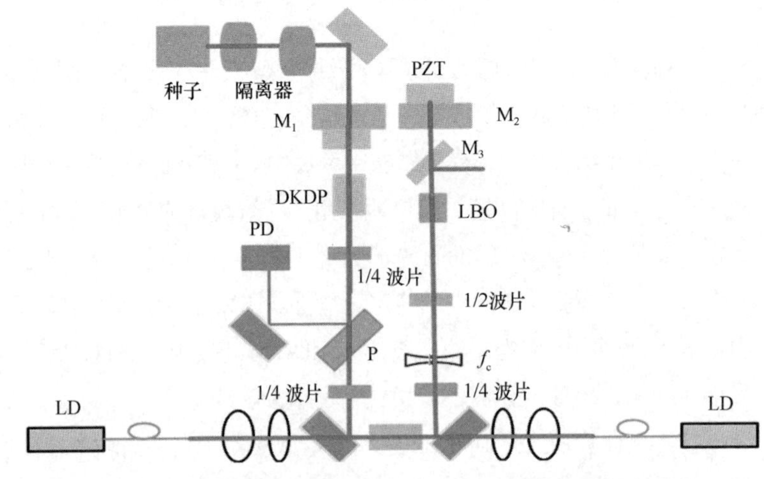

图 5-17　腔内倍频种子注入单频绿光 Nd:YAG 激光器实验装置

采用带有偏压反馈的 Ramp-fire 技术来控制种子注入过程中的谐振腔从动腔腔长，如图 5-18 所示。采用两片压电陶瓷（PZT）来控制腔长，一个扫腔，另一个反馈。扫腔 PZT 上面加载严格周期的斜坡电压，控制电路实时分析干涉信号提取 Q

触发信号，在出光之后根据出光时间通过改变另一个 PZT 上的电压来对腔长进行反馈。这种采用两个压电陶瓷的 Ramp-fire 方案，使谐振探测过程独立于反馈控制过程，被反馈控制的变量发生改变并不对谐振探测中的腔长扫描过程产生任何影响。因为用于腔长扫描的压电陶瓷的驱动电压是严格周期的，即每一个周期加载的电压是完全相同的，周期性的驱动电压保证了压电陶瓷位移曲线的稳定性，而对另一片压电陶瓷的反馈控制又使每一周期内谐振峰值处于该位移曲线的同一点上。通过采用这样的控制方案，即使扫描电压的非线性或者压电陶瓷的迟滞使压电陶瓷的位移时间曲线呈现很强的非线性，每一周期内从扫描到谐振峰值至产生调 Q 脉冲的时间段内所经历的腔长变化都是一样的，这保证了调 Q 脉冲激光相对于种子激光的偏离量有很好的一致性。这一特性也使系统对扫描电压线性度的要求大大降低。

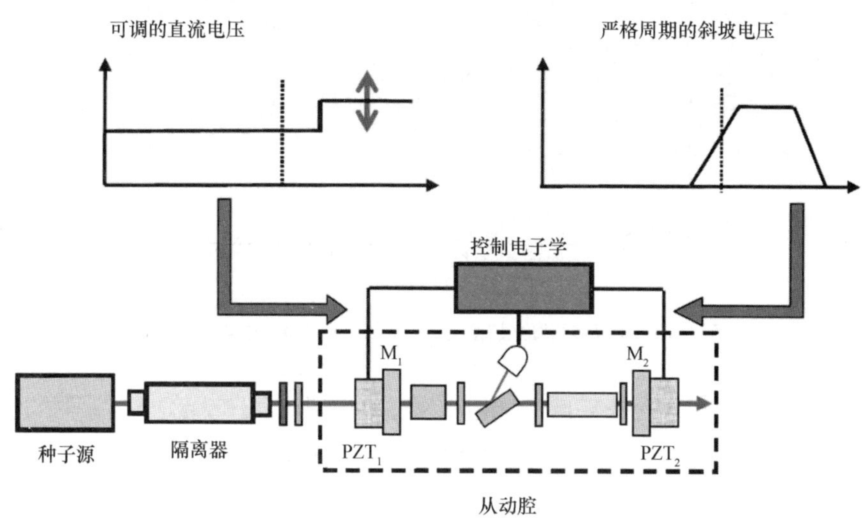

图 5-18　带有偏压反馈的 Ramp-fire 技术

压电陶瓷开始扫腔之后，控制电路对干涉信号进行微分和过零点检测，提取出 Q 开关触发信号。Q 开关打开之后，腔内形成 1064nm 波长基波振荡激光，往返经过 LBO 晶体获得倍频绿光，绿光脉冲经过耦合透镜 M_3 反射出腔外（如图 5-17 所示）。

重复频率为 1kHz 的不同输出脉冲能量与泵浦脉冲能量的关系如图 5-19 所示。曲线 1 代表的是当输出镜采用 T=60%@1064nm 的透过率时，从输出镜获得的

1064nm 波长输出脉冲能量，当泵浦脉冲能量达到 66.3mJ 时，获得了 7.93mJ 的输出脉冲能量。然后将输出镜换成对 1064nm 波长具有高反射率的输出镜，插入 1/2 波片、倍频晶体以及绿光输出镜，获得了 5.8mJ 的输出脉冲能量。曲线 2 则给出了随着泵浦脉冲能量的增加，输出脉冲能量变化。此时，激光器的光-光转换效率达到了 8.8%，斜率效率达到了 16%。当泵浦脉冲能量达到最大的 69.7mJ 时，激光器能够获得最大 6.35mJ 的输出脉冲能量。

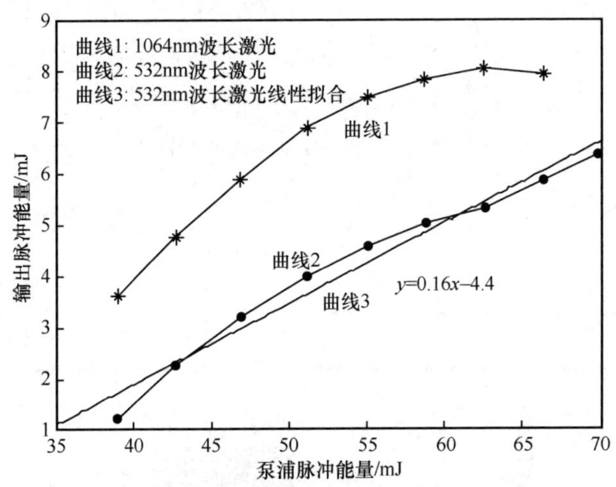

图 5-19　不同波长激光的输出脉冲能量与泵浦脉冲能量的关系

绿光输出的脉冲波形采用 500MHz 带宽的光电二极管探测，并通过 1GHz 的示波器观察脉冲波形，绿光输出脉冲能量为 3mJ 左右时的脉冲宽度约为 7ns，532nm 波长激光脉冲波形如图 5-20 所示，可以看出，绿光输出脉冲波形非常光滑，这也从一个侧面佐证了获得的 532nm 波长激光为单频窄线宽输出。

当平均输出功率约为 3W 时，对激光器进行了 48h 的连续工作拷机测试。48h 内激光输出功率波动的 RMS 值小于 2.9%，同时种子注入效果一直保持良好，脉冲波形未受光学平台的机械扰动的影响，保持良好的脉冲波形输出。

用 Spiricon M^2-200s 光束质量分析仪测得绿光光斑强度空间分布，输出绿光光束的光斑强度空间分布保持了良好的高斯分布特征。当输出能量为 3mJ 时，测得光束质量因子 $M_x^2=1.16$、$M_y^2=1.15$，获得了近衍射极限的激光输出。

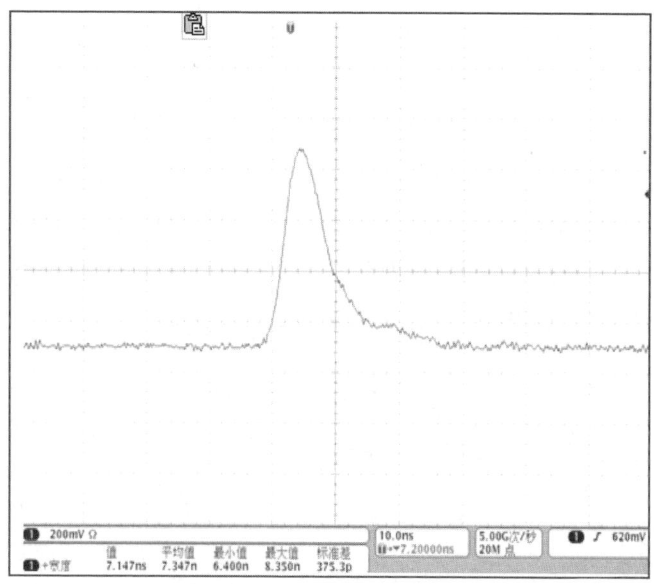

图 5-20　532nm 波长激光脉冲波形

最终研发成功的重复频率为 1kHz 的单频绿光 Nd:YAG 激光器工程样机内部结构如图 5-21 所示。

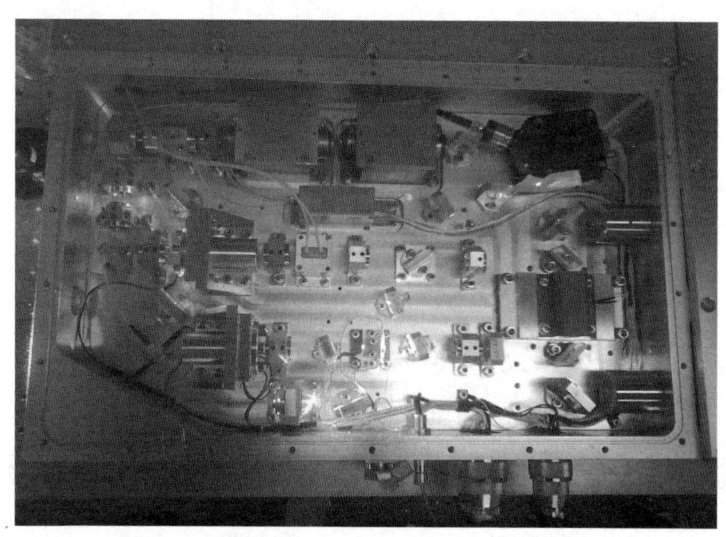

图 5-21　单频绿光 Nd:YAG 激光器工程样机内部结构

3. 大能量 Nd:YAG 绿光激光器

为了满足水下长距离无线光通信对大能量、窄线宽蓝绿光发射源的需求，笔者所在研究团队研制了大能量 Nd:YAG 绿光激光器，实验装置如图 5-22 所示，技术路线为单频种子注入结合 MOPA。种子注入的主振荡器采用的 Ramp-fire 扫描技术获得 7mJ 以上单纵模基频激光输出，再经端面泵浦放大器放大至 15mJ 以上，然后扩束进入一级预放大器和两级功率放大器实现功率放大，脉冲能量为 600～650mJ，最后经 LBO 晶体二倍频（SHG）实现 200Hz 重复频率、300mJ 以上脉冲能量的 532nm 波长绿光输出。

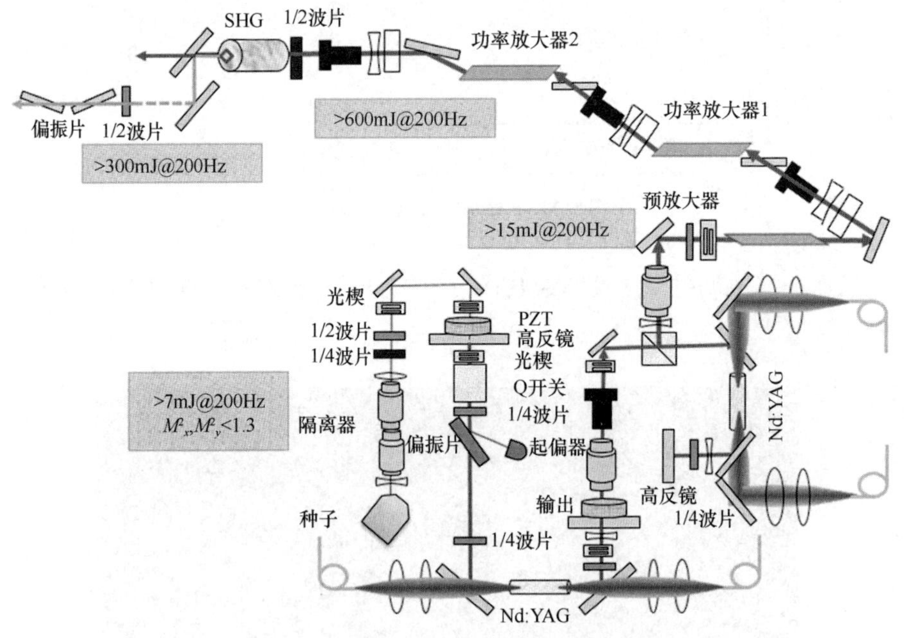

图 5-22　大能量 Nd:YAG 绿光激光器实验装置

激光器各级输出指标如表 5-2 所示。

表 5-2　激光器各级输出指标

对比项	振荡器	放大器	倍频
重复频率	200Hz	200Hz	200Hz
输出能量	>7mJ	>600mJ	>300mJ

续表

对比项	振荡器	放大器	倍频
脉冲宽度	8～9ns	<10ns	<10ns
脉冲能量稳定度	<2%@30min	<3%@30min	<3%@30min
近场光斑			

激光功率放大器模块采用紧凑型设计，集成后的板条激光放大器光学头部结构如图 5-23 所示。激光器工程样机如图 5-24 所示。

图 5-23　板条激光放大器光学头部结构

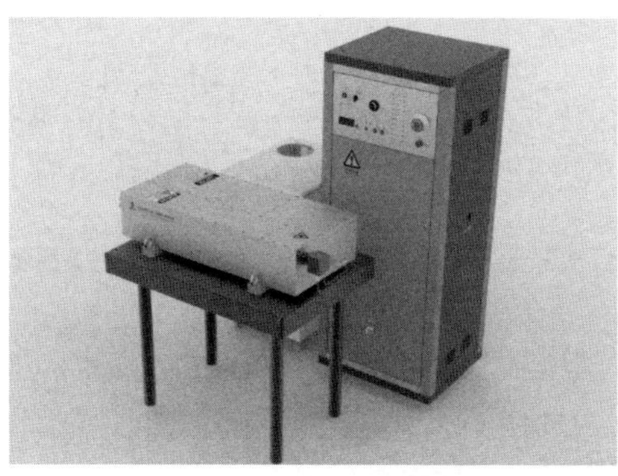

图 5-24　激光器工程样机

5.3.3 基于 $Nd:YVO_4$ 晶体的绿光激光器技术

高速水下长距离无线光通信系统往往需要高重复频率、窄脉冲的蓝绿光光源。$Nd:YVO_4$ 晶体发射截面大，可获得高增益，有利于实现窄脉冲，同时晶体荧光寿命短，适合高重复频率工作，因此高重复频率、窄脉冲绿光激光器通常选择 $Nd:YVO_4$ 晶体作为增益介质。

笔者所在研究团队研制的一款基于 $Nd:YVO_4$ 晶体的小型化全固态绿光激光器实验装置如图 5-25 所示，该激光器谐振腔采用 LD 单端泵浦的 L 形折叠短腔结构，总腔长 < 55mm，采用电光调 Q 及腔内倍频获得 532nm 波长绿光输出。泵浦源选用 20W 功率、808nm 波长的光纤耦合输出半导体激光器，光纤芯径为 200 μm，数值孔径 NA 为 0.22，以脉冲方式工作，重复频率为 10kHz，脉冲宽度为 100 μs，占空比为 50%。增益介质选用掺杂浓度为 0.5%、沿 *a* 轴切割的 $Nd:YVO_4$ 晶体。电光 Q 开关选用 RTP 晶体，1/4 波电压 < 1000V。倍频晶体选用 I 类相位匹配切割的 LBO 晶体。

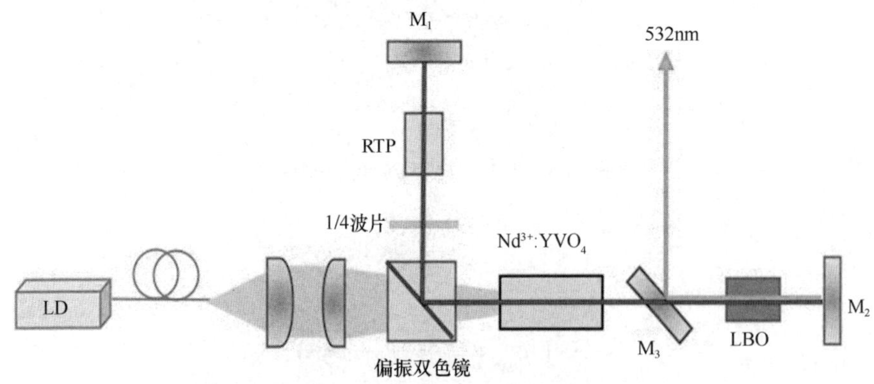

图 5-25 基于 $Nd:YVO_4$ 晶体的小型化全固态绿光激光器实验装置

在半导体激光泵浦电流为 5.8A 时，获得了重复频率为 10kHz、平均功率大于 1.8W 的 532nm 波长绿光输出，脉冲宽度为 2ns，泵浦脉冲时序及脉冲时间波形分别如图 5-26 和图 5-27 所示。

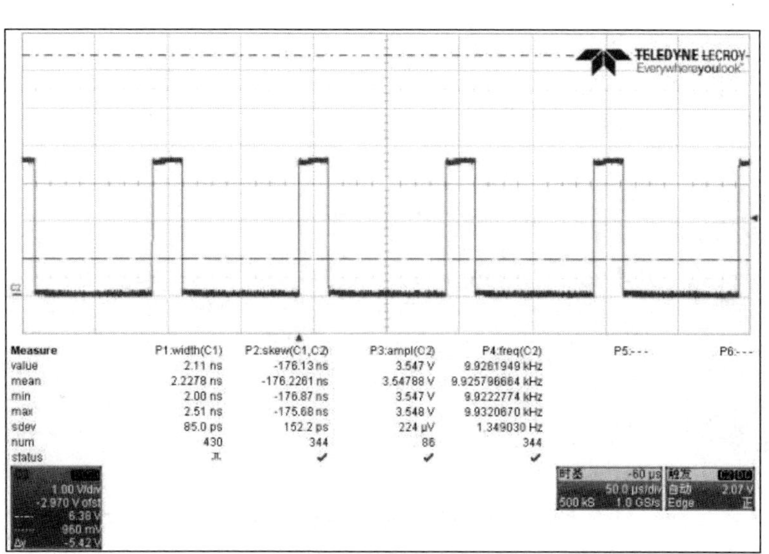

图 5-26　泵浦脉冲时序

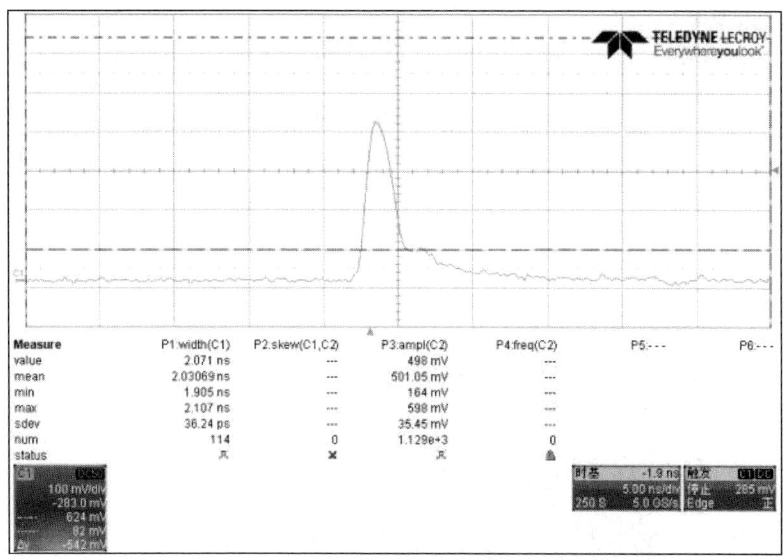

图 5-27　脉冲时间波形

在环境温度为 20℃的条件下，实验测得 2h 连续运行激光器输出的绿光激光功率稳定性达到 RMS=0.17%，如图 5-28 所示。

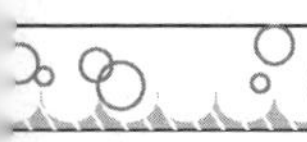

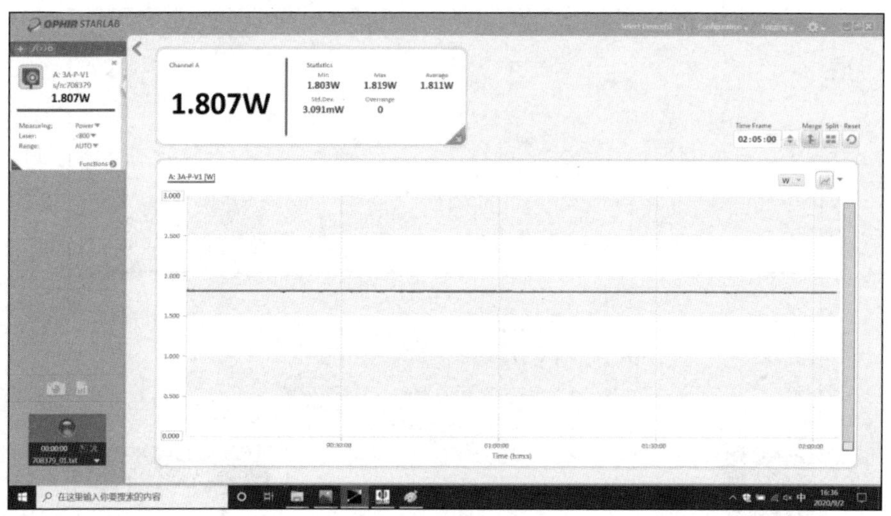

图 5-28　功率稳定性

在激光器输出的平均功率保持在 1.8W 的条件下，实验测得绿光的光束质量因子 $M_x^2=1.29$、$M_y^2=1.22$，激光器保持了较高的光束质量，如图 5-29 所示。

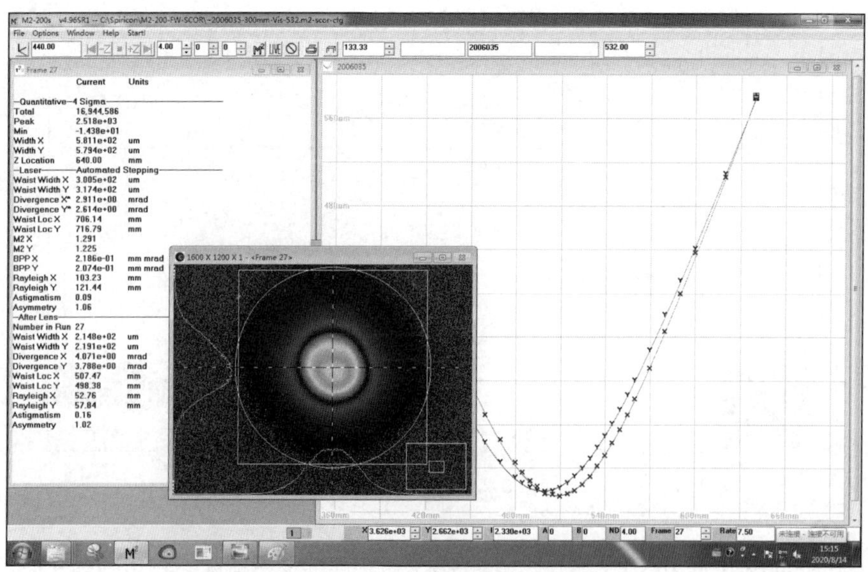

图 5-29　光束质量测试结果

最终研制成功的工程样机光学头部尺寸约为 240mm×100mm×86mm，结构紧凑、集成度高，如图 5-30 所示。

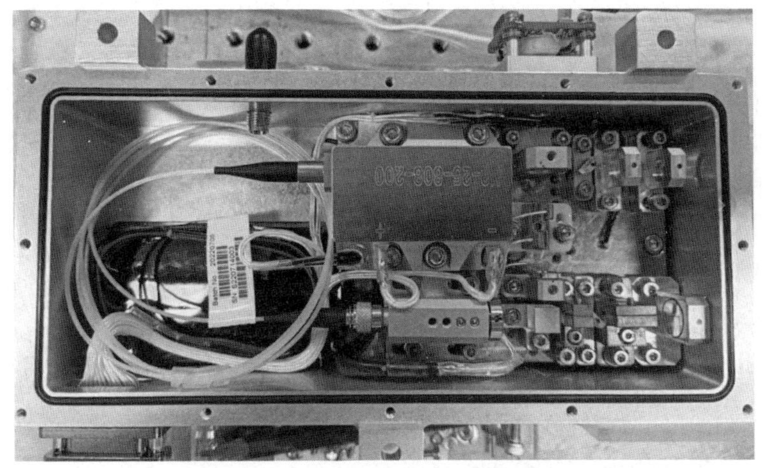

图 5-30　Nd:YVO_4 绿光激光器工程样机

5.4　全固态蓝绿光激光器技术展望

本章概述了全固态蓝绿光激光器技术的发展历程和现状，并着重以海洋应用为需求牵引介绍了笔者所在研究团队发展紧凑型、工程化全固态蓝绿光激光器技术取得的进展。由于激光海洋应用的特殊性，未来瞄准水下无线光通信应用的全固态蓝绿光激光器技术发展将聚焦以下几个方面。

1．窄线宽蓝绿光激光器技术

水下激光通信系统中，采用窄线宽激光发射光源配合窄带滤波器，可以大幅降低背景噪声，提升系统信噪比。目前，采用种子注入锁定技术可以实现蓝绿光激光器的窄线宽输出。该技术需要相对复杂的腔长反馈控制系统，对激光器系统电控要求相对较高，而且容易导致激光器系统的可靠性下降。下一步需要研究更加简便实用的蓝绿光激光器光谱线宽压窄关键技术，旨在获得易于工程化的窄线宽蓝绿光激光器新技术途径。

2. 高重复频率下蓝绿光激光器脉冲能量提升技术

水下激光通信系统的信息传输速率与发射激光脉冲的重复频率正相关。对连续输出的激光源采用外调制技术，可以有效提升重复频率，但获得的激光脉冲峰值功率偏低，不能满足水下长距离信息传输的要求。目前，全固态蓝绿光激光器技术在获得大能量脉冲输出方面取得了突出的进展，未来需要突破在高重复频率下进一步提升蓝绿光激光器脉冲能量和峰值功率的关键技术，保证在兼顾通信速率的前提下实现水下长距离激光信息传输能力。

3. 小型化高效率蓝绿光激光器技术

水下激光通信系统的应用平台资源往往非常有限，不管是功耗还是体积重量，都成为全固态蓝绿光激光器能否实用化并普及的技术瓶颈。更小型化、更高效率的新型蓝绿光激光器技术有待研究。除了进一步挖掘现有技术手段提升能力，研发新型蓝绿光波段激光增益材料，抑或显著提升蓝绿光波段半导体激光器功率输出能力，将是一条有望实现突破的技术途径。

参考文献

[1] GEUSIC J E, LEVINSTEIN H J, SINGH S, et al. Continuous 0.532μm solid-state source using Ba2NaNb5O15[J]. Applied Physics Letters, 1968, 12(9): 306-308.

[2] GARREC B J, RAZÉ G J, THRO P Y, et al. High-average-power diode-array-pumped frequency-doubled YAG laser[J]. Optics Letters, 1996, 21(24): 1990-1992.

[3] HONEA E C, EBBERS C A, BEACH R J, et al. Analysis of an intracavity-doubled diode-pumped Q-switched Nd: YAG laser producing more than 100W of power at 0.532 microm[J]. Optics Letters, 1998, 23(15): 1203-1205.

[4] CHANG J J, DRAGON E P, BASS I L. 315W pulsed-green generation with a diode-pumped Nd: YAG laser[C]//Conference on Lasers and Electro-Optics. Boston: Optica Publishing Group, 1998: CPD2.

[5] BO Y, GENG A C, BI Y, et al. High-power and high-quality, green-beam generation by employing a thermally near-unstable resonator design[J]. Applied Optics, 2006, 45(11): 2499-2503.

[6] MU X D, DING Y J. Efficient generation of coherent blue light at 440nm by intracavity-frequency-tripling 1319nm emission from a Nd: YAG laser[J]. Optics Letters, 2005, 30(11): 1372-1374.

[7] PENG H B, HOU W, CHEN Y H, et al. Generation of 7.6W blue laser by frequency-tripling of a Nd: YAG laser in LBO crystals[J]. Optics Express, 2006, 14(14): 6543-6549.

[8] VELSKO S P, EBBERS C A, COMASKEY B, et al. 100W average power at 0.53μm by external frequency conversion of an electro-optically Q-switched diode-pumped power oscillator[J]. Applied Physics Letters, 1994, 64(23): 3086-3088.

[9] PIERRE R J S, HOLLEMAN G W, VALLEY M, et al. Active tracker laser (ATLAS)[J]. IEEE Journal of Selected Topics in Quantum Electronics, 1997, 3(1): 64-70.

[10] LI S G, MA X H, LI H H, et al. Laser-diode-pumped zigzag slab Nd: YAG master oscillator power amplifier[J]. Chinese Optics Letters, 2013, 11(7): 71402-71405.

[11] MURRAY J. Pulsed gain and thermal lensing of Nd: LiYF4[J]. IEEE Journal of Quantum Electronics, 1983, 19(4): 488-491.

[12] LU T T, MA J, ZHU X L, et al. Highly efficient electro-optically Q-switched 473nm blue laser[J]. Chinese Optics Letters, 2019, 17(5): 051405.

[13] 王金艳，李奇，陈曦，等. 全固态 424nm 蓝光激光器[J]. 激光与光电子学进展，2019, 56(13): 131401.

[14] BAO L, ZHAO C L, WANG W H. 494.5nm generation by sum-frequency mixing of diode pumped neodymium lasers[J]. Optik, 2014, 125(20): 5909-5911.

[15] HAO E J, LI T, WANG Z D. High power single-longitudinal-mode cyan laser at 500.8nm[J]. Laser Physics, 2012, 22(5): 900-903.

[16] HERAULT E, LELEK M, BALEMBOIS F, et al. Pulsed blue laser at 491nm by nonlinear cavity dumping[J]. Optics Express, 2008, 16(24): 19419-19426.

[17] HESSENIUS C, LUKOWSKI M, FALLAHI M. Tunable type II intracavity sum-frequency generation in a two chip collinear vertical external cavity surface emitting laser[J]. Optics Letters, 2013, 38(5): 640-642.

[18] 胡晨雯. 腔内二级级联泵浦和频蓝光激光器研究[D]. 长春：长春理工大学, 2021.

[19] KERDONCUFF H, CHRISTENSEN J B, BRASIL T B, et al. Cavity-enhanced sum-frequency generation of blue light with near-unity conversion efficiency[J]. Optics Express, 2020, 28(3): 3975-3984.

[20] BAPNA R C, RAO C S, DASGUPTA K. Low-threshold operation of a 355nm pumped nanosecond β-BaB_2O4 optical parametric oscillator[J]. Optics & Laser Technology, 2008, 40(6): 832-837.

[21] BOON-ENGERING J M, GLOSTER L A W, VAN DER VEER W E, et al. Highly efficient single-longitudinal-mode β-BaB_2O_4 optical parametric oscillator with a new cavity design[J]. Optics Letters, 1995, 20(20): 2087-2089.

[22] WU S, BLAKE G A, SUN S, et al. Low-threshold BBO OPO with cylindrical focusing[C]//Nonlinear Optical Engineering. Washington: SPIE, 1998(3263): 52-55.

[23] SAVAGE N. Optical parametric oscillators[J]. Nature Photonics, 2010(4): 124-125.

[24] WANG Y, XU Z, DENG D, et al. Highly efficient visible and infrared β-BaB_2O_4 optical parametric oscillator with pump reflection[J]. Applied physics letters, 1991, 58(14): 1461-1463.

[25] MA J, LU T T, ZHU X L, et al. Highly efficient H-β Fraunhofer line optical parametric oscillator pumped by a single-frequency 355nm laser[J]. Chinese Optics Letters, 2018, 16(8): 081901.

[26] WANG M, MA J, LU T T, et al. Development of single-resonant optical parametric oscillator with tunable output from 410nm to 630nm[J]. Chinese Optics Letters, 2022, 20(2): 021403.

[27] 黄晶. 高重频高功率脉冲蓝光全固态激光器技术研究[D]. 北京: 中国科学院大学, 2015.

[28] 陆婷婷. 小型高重频大能量腔内倍频激光器关键技术研究[D]. 北京: 中国科学院大学, 2013.

第 6 章 水下光电探测和信息获取

水下环境错综复杂，出射光本身会因海水吸收和散射而产生信号衰减，也会因多径效应产生信号畸变。由第 2 章和第 3 章对激光脉冲在水下的传输特性分析及 MC 方法仿真结果可知，激光脉冲在海水中传输时，能量随着传输距离的增加近似呈指数衰减。这使得到达接收端的光信号本身就极其微弱，加上环境背景光的干扰，接收到的光信号含有大量噪声需要剔除。为了从功率及质量有限的光信号中获取更多有用的信息，我们需要设计合适的光电探测系统，既要接收到有效的光信号，又要尽量减少噪声对信号的干扰，所以研发合适的水下蓝绿光探测系统至关重要。

6.1 光电探测器概述

水下光通信系统的接收端探测器是进行光电转换的器件，探测器对信号光的响应直接影响通信的性能。为了获得更好的通信性能，需要探测器在各种水质下提供足够的信噪比。

6.1.1 光电探测器原理

光与物质产生的作用称为光电效应，可分为内光电效应和外光电效应。

被光激发所产生的载流子（自由电子或空穴）在物质内部运动，使物质的电导率发生变化或产生光生伏特的现象，称为内光电效应[1-2]。光生伏特效应是基于半导体 PN 结的一种将光能转换成电能的效应。当入射辐射作用在半导体 PN 结上产生本征吸收时，价带中的光生空穴与导带中的光电子在 PN 结内建电场的作用下分开，电子向 N 区方向流动，空穴向 P 区方向流动，形成光生伏特电压或光电流。当 P 型与 N 型半导体形成 PN 结时，P 区与 N 区的多数载流子要进行相对的扩散运动，以便平衡它们的费米能级差，扩散运动平衡时，它们具有同一费米能级 E_f，并在结区形成由正、负离子组成的空间电荷区和耗尽区。空间电荷形成内建电场，内建电场的方向由 N 区指向 P 区。当入射辐射作用于 PN 结区时，本征吸收产生的电子和空穴将在内建电场的作用下做漂移运动，电子被内建电场拉到 N 区，而空穴被拉到 P 区，结果 P 区带正电，N 区带负电，形成光生伏特电压。常见的光生伏特器件有 PIN 型光电二极管和雪崩光电二极管。

而当物质中的电子吸收足够高的光子能量时，电子将逸出物质表面成为真空中的自由电子，这种现象被称为光电发射效应或外光电效应[3]。光电发射效应中光电能量转换的基本关系为

$$h\nu = \frac{1}{2}mv_0^2 + E_{\mathrm{th}} \tag{6-1}$$

式（6-1）表明，具有 $h\nu$ 能量（其中，$h = 6.63 \times 10^{-34}\mathrm{J \cdot s}$，表示普朗克常量；$\nu$ 为入射光频率）的光子被电子吸收后，只要光子的能量大于光电发射材料的光电发射阈值 E_{th}，则质量为 m 的电子的初始动能 $\frac{1}{2}mv_0^2$ 便大于 0，即有电子飞出光电发射材料进入真空（或逸出物质表面）。

光电发射阈值 E_{th} 的概念是建立在材料的能带结构基础上的。对于金属材料，由于它的导带与价带连在一起，有

$$E_{\mathrm{th}} = E_{\mathrm{vac}} - E_{\mathrm{f}} \tag{6-2}$$

其中，E_{vac} 为真空能级，一般设为参考能级（为 0 级）。因此费米能级 E_{f} 为负值，光电发射阈值 $E_{\mathrm{th}}>0$ 。

对于半导体，情况较为复杂。半导体分为本征半导体和杂质半导体，杂质半导体又分为 P 型杂质半导体与 N 型杂质半导体，其能级结构不同，光电发射阈值的定义也不同。处于导带中的电子的光电发射阈值为

$$E_{\mathrm{th}} = E_{\mathrm{A}} \tag{6-3}$$

即导带中的电子吸收的能量大于电子亲和势为 E_{A} 的光子后，电子就可以飞出半导体表面。而对于价带中的电子，其光电发射阈值为

$$E_{\mathrm{th}} = E_{\mathrm{g}} + E_{\mathrm{A}} \tag{6-4}$$

其中，E_{g} 为禁带宽度，式（6-4）说明电子由价带顶逸出物质表面所需要的最低能量，即为光电发射阈值。由此可以获得光电发射长波限为

$$\lambda_{\mathrm{L}} = \frac{hc}{E_{\mathrm{th}}} \tag{6-5}$$

其中，c 为光速。

利用具有光电发射效应的材料可以制成各种光电探测器件，这些器件统称为光电发射器件。光电发射器件具有许多不同于内光电器件的特点。

（1）光电发射器件中的导电电子可以在真空中运动，因此，可以通过电场增大电子运动的动能，或通过电子的内倍增系统提高光电探测灵敏度，使它能够快速探测极其微弱的光信号，成为像增强器与变像管的基本器件。

（2）均匀的大面积光电发射器件很容易制造，这在光电成像器件方面非常有利。一般真空光电成像器件的空间分辨率要高于半导体光电图像传感器。

（3）光电发射器件需要稳定的高压直流电源设备，使得整个探测器体积庞大、功率损耗大，造价也高。

（4）光电发射器件的光谱响应范围一般不如半导体光电器件的宽。

6.1.2　水下光通信常用探测器

1. PIN 型光电二极管

以硅材料制造的 PIN 型光电二极管的原理十分简单[4]，就是利用一个反向偏置的半导体二极管，与 PN 型光电二极管不同的是，在 P 区与 N 区间夹杂本征半导体，当受到光照时，光子与其中的原子相互作用，强度超过硅材料的禁带宽度后会产生电子空穴对，进而在外电路形成光电流。PIN 型光电二极管可以选择 I 层的厚度，较薄的 I 层有助于提高正向电流，使灵敏度更高，响应速度变快。考虑需要选择对应发射端光源波长范围内的高灵敏度探测器，针对水下光通信选择的 LD 波段为

440～550nm，此外，对于光通信系统来说，系统探测器的响应速度要快，同时也要考虑功率和尺寸的问题。比较几种探测器性能，PIN 型光电二极管一般具有高速响应、高灵敏度和高可靠性等特性，适用于水下高速光通信系统。典型 PIN 型光电二极管光谱响应曲线[5]如图 6-1 所示。可以看出，S5973-02 型 PIN 型光电二极管对采用蓝绿波段光源的光通信系统响应较高。

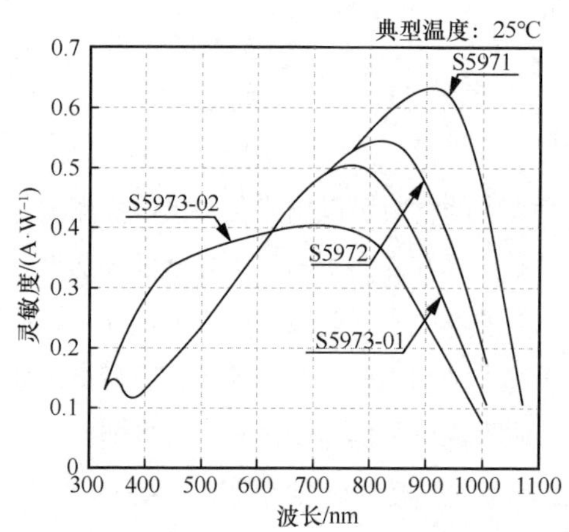

图 6-1　典型 PIN 型光电二极管光谱响应曲线

2. APD

PIN 型光电二极管缩短了 PN 型光电二极管的响应时间，但器件的灵敏度提升有限。为了提高光电二极管的灵敏度，人们设计了 APD[6]。

APD 有以下 3 种结构[7]。第 1 种为在 P 型硅基片上扩散杂质浓度大的 N^+层，制成 P 型 N 结构的 APD。第 2 种为在 N 型硅基片上扩散杂质浓度大的 P^+层，制成 N 型 P 结构的 APD。无论是 P 型 N 结构，还是 N 型 P 结构，都必须在基片上蒸涂金属铂，形成硅化铂（厚度约为 10nm）保护环。第 3 种为 PIN 型 APD。PIN 型光电二极管在较高的反向偏置电压的作用下耗尽区会拓展到整个 PN 结区，形成自我保护（具有很强的抗击穿功能），因此，APD 不必设置保护环。目前，市场上的 APD 基本上都是 PIN 型的。

3. PMT

PMT 是利用外部光电效应把入射光转换成放大的电信号的装置，是一种真空光电发射器件[8]。它主要由光电阴极、倍增极和阳极等部分组成[9]。PMT 原理如图 6-2 所示。

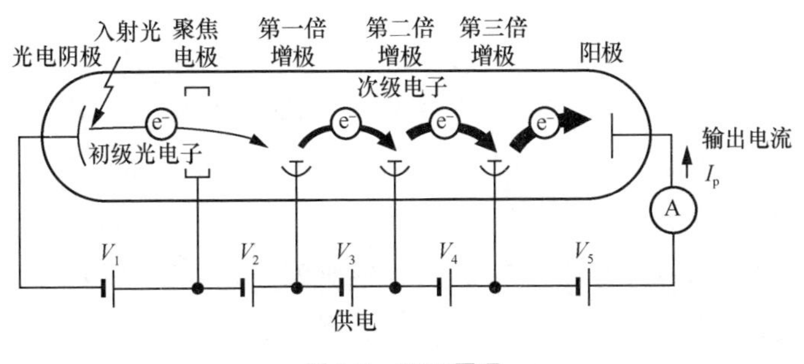

图 6-2　PMT 原理

入射光经过光入射窗照射到光电阴极材料上面，光电阴极发射光电子（电子），发射到真空的电子在电子光学系统和空间电场的作用下加速，获得高动能，然后经过聚焦电极进行电子聚焦，这些高动能的电子会打到第一倍增极上面，第一倍增极在这些高动能电子的轰击下会发射更多的电子（即倍增发射电子），然后在电场的作用下加速轰击第二倍增极，依次类推。电子经过 N 级倍增极，就被放大 N 次。最后，被放大的电子被阳极吸收，形成阳极电流。阳极吸收的电子数可以达到光电阴极发射电子数的 $10^4 \sim 10^8$ 倍。加载在 PMT 上各个倍增极的电压是常数的情况下，各个倍增极倍增系数是一个常数，因此，阳极电流的大小只和阴极发射电子数有关，而在入射光波长不变的情况下，光电阴极发射电子数又和入射光功率有关，因此阳极电流也只和 PMT 的入射光功率有关。

6.1.3　探测器主要参数

对于光电探测器的选择，主要考虑以下参数[10-11]。

（1）响应度

响应度定义为：光电探测器输出电流与入射光功率之间的比值。

$$R_{\mathrm{v}} = \frac{\dfrac{V_{\mathrm{out}}}{P_{\mathrm{in}}}}{R_{\mathrm{i}}} = \frac{I_{\mathrm{out}}}{P_{\mathrm{in}}} \tag{6-6}$$

其中，R_{v} 为电压响应度，R_{i} 为电流响应度，I_{out} 是光电探测器输出的电流值，V_{out} 是光电探测器输出的电压值，P_{in} 是光电探测器的入射光功率。

响应度分为光谱响应度和积分响应度，前者描述的是光电探测器对特定波长光功率的响应程度，后者描述的是光电探测器对于连续辐射通量的响应程度。光通信研究中所关心的是光谱响应度，该值越大，则光电探测器越灵敏，因此又将其称为灵敏度。

（2）响应时间

响应时间是描述光电探测器对入射光响应快慢的一个参数，是指当入射光停止时，光电探测器的输出上升到稳定值或者下降到稳定值所需要的时间。越短的响应时间可以使系统拥有越大的通信带宽。

（3）动态范围

光电探测器的动态范围指的是探测器的饱和入射光功率与最小可探测光功率之差，一般用对数和比值来表示一个探测系统的动态范围。

（4）噪声相关参数

光电探测器的内部噪声主要分为热噪声、散粒噪声、产生−复合噪声和 $1/f$ 噪声 4 类。其中，散粒噪声和热噪声属于白噪声。噪声的大小用其均方根电压/电流表示。信噪比（SNR）是评估光电探测器噪声的参数，是输出信号电压与输出信号噪声均方根电压的比值。噪声等效功率（noise equivalent power，NEP），实际上是最小可探测光功率，描述光电探测器的探测极限。NEP 的定义是输出信号的信噪比为 1 时的入射光功率，单位为 W。探测度定义为 NEP 的倒数，探测度越高，器件的性能越好。暗电流指的是光电探测器在仅加载电源，没有外部光信号输入时，流过探测器的电流。

光电探测器极易受背景光的影响，需要指向天空的水下光电探测器受到的影响更为明显，因此需要光电探测器的内部噪声尽可能低。

（5）集光面积

接收机接收能力正比于接收面积和接收视场角。接收视场角由探测器集光直径与焦距决定，小角度时 $\mathrm{Fov} \cong \dfrac{d}{f}$，其中 d 为探测器集光直径，f 为焦距。焦距与接收直径 D 成正比，$f \propto D$。理想情况下，接收视场角与接收直径越大越好，但是增大接收直径 D 会增大焦距 f，从而导致接收视场角 Fov 减小。增大光电探测器的集光面积可以在接收直径不变的情况下增大接收视场角 Fov，或者在接收视场角不变的情况下增大接收面积，从而提高接收机的接收能力，因此需要光电探测器拥有尽量大的集光面积。

6.1.4 探测器主要性能比较

上述 3 种探测器各有优缺点，适合在不同的场合应用，主要性能对照如下。

PIN 型光电二极管和 APD 都属于半导体探测器[12-17]。PIN 型光电二极管拥有响应速度快、带宽高的优点，但是它没有内部增益。APD 的响应速度通常比 PIN 型光电二极管慢，但 APD 一般拥有 100 左右的增益系数。半导体探测器一般用于探测纳秒量级的光脉冲。APD 在 500～850nm 波段的量子效率为 70%～90%，对红光或者近红外波段有较好的探测性能，但是在蓝绿光波段的量子效率并不高。

PMT 包含光电阴极，可以通过光电效应将入射光子转换成电子，PMT 通过二次发射倍增系统对电子进行倍增[12, 16-17]。PMT 拥有高增益、低噪声、高响应频率和大集光面积的优点。通常而言，PMT 可以提供10^6～10^7 的增益系数。PMT 的缺点是体积较大、价格昂贵和功率要求较高。相比于 PIN 型光电二极管和 APD，PMT 具有更高的增益，适用于弱信号的探测，因此选用 PMT 作为水下长距离无线光通信系统的光电探测器。由于系统中光源常选用 532nm 或 450nm 的光源，PMT 也要选用对 532nm 或 450nm 光敏感的型号，系统设计通常要求 PMT 的探测灵敏度达到 1nW。

综上所述，PMT 更适合作为水下长距离无线光通信系统的探测器，由于系统中一般采用 532nm 或 450nm 的光源，我们应选择在 532nm 或 450nm 波长有较高量子效率的型号 PMT。PMT 可以直接接入模数转换器（ADC），采集接收光脉冲的幅值，作为模拟接收探测器，为后续解调电路提供模拟信号，也可以在后端接入高速比较器，作为单光子探测器（SPD），为后续光子计数解调器提供数字信号。3 种探测器性能比较如表 6-1 所示。

表 6-1 3 种探测器性能比较

对比项	PIN 型光电二极管	APD	PMT
响应速度	快	中	慢
增益	小	中	大
线性	好	非线性	好
抗噪性	非常好	好	差

6.2 探测器噪声分析

噪声是影响水下通信质量的主要因素。噪声带给接收系统的影响分为多种。第 1 种是背景光噪声，通常采用窄带滤光片来滤除带外的背景光；第 2 种是光信号产生的散粒噪声；第 3 种是暗电流噪声、热噪声和运算放大器噪声，本节将逐一分析这些噪声。

在模拟探测工作方式的水下无线光通信系统中，探测器将入射光转换成入射电流，入射电流的大小由探测器的量子效率η决定，探测器增益系数为G，入射电流为

$$I_{\mathrm{s}}=\frac{e\eta P_{\mathrm{r}}G}{h\nu} \tag{6-7}$$

其中，$e=1.6\times10^{-19}\mathrm{C}$，表示单个电子所带电量；$P_{\mathrm{r}}$为探测器接收到的入射光功率；$h=6.63\times10^{-34}\mathrm{J\cdot s}$，表示普朗克常量；$\nu$为入射光频率。有些探测器用给出的阴极灵敏度$S$来描述光电转换效率，这种探测器用阴极灵敏度来描述入射电流，计算式为

$$I_{\mathrm{s}}=P_{\mathrm{r}}SG \tag{6-8}$$

探测器输出的噪声主要包括光信号散粒噪声、背景光散粒噪声、暗电流噪声、运算放大器噪声和热噪声。这几种噪声相互独立，根据数理统计知识，总噪声电流为各种噪声电流之和[18-19]。

散粒噪声是半导体中光电子产生的随机性造成的。光信号散粒噪声可用光信号产生的散粒噪声电流表示，计算式为

$$I_{\mathrm{ns}}^{2}=2eP_{\mathrm{r}}SG^{2}\Delta fF_{\mathrm{m}} \tag{6-9}$$

其中，Δf为接收机的等效带宽；F_{m}为探测器的噪声系数，它与探测器的结构、材料和增益系数G有关，一般典型值为 3。

背景光散粒噪声可用在背景光功率P_{b}影响下产生的散粒噪声电流表示，其计算式为

$$I_{\mathrm{nb}}^{2}=2eP_{\mathrm{b}}SG^{2}\Delta fF_{\mathrm{m}} \tag{6-10}$$

暗电流噪声是指光电探测器自身的热激发引起的电流噪声，可用探测器暗电流引起的噪声电流表示，即使探测器处于没有光照的环境中，只要有反向偏置高压，电路就会产生暗电流 I_{nd}，该电流的大小与工作温度、偏压和探测器的类型紧密相关，如果暗电流的大小为 i_{d}，则暗电流噪声的计算式为

$$I_{\mathrm{nd}}{}^2 = 2ei_{\mathrm{d}}\Delta f \tag{6-11}$$

运算放大器噪声是光电探测器中不可避免的噪声，计算式为

$$I_{\mathrm{na}}{}^2 = I_{\mathrm{v}}{}^2 + I_{\mathrm{c}}{}^2 \tag{6-12}$$

其中，I_{v} 为运算放大器电压噪声，I_{c} 为运算放大器电流噪声。

热噪声是指电阻中电子的热运动引起的噪声电流，只要高于绝对零度，导体中的自由电子总是处在随机运动之中，接收机光电探测器负载电阻中的这种电子运动便会形成噪声电流。热噪声是一种高斯白噪声，其功率谱在频率达到 1THz 的情况下与频率无关，热噪声可以表示为

$$I_{\mathrm{nT}}{}^2 = \frac{4kT\Delta f}{R} \tag{6-13}$$

其中，$k = 1.38\times10^{-23}\,\mathrm{J/K}$，表示玻尔兹曼常数；$R$ 为探测器负载电阻；$T = -273.15℃$ 为绝对零度。

上述噪声对探测器的影响均为相互独立的随机变量，因此总的噪声电流为各种噪声电流之和，接收机的总噪声电流可以表示为[20]

$$\begin{gathered} I_{\mathrm{n}}^2 = I_{\mathrm{ns}}^2 + I_{\mathrm{nb}}^2 + I_{\mathrm{nd}}^2 + I_{\mathrm{na}}^2 + I_{\mathrm{nT}}^2 = \\ 2e(P_{\mathrm{r}} + P_{\mathrm{b}})SG^2\Delta fF_{\mathrm{m}} + 2ei_{\mathrm{d}}\Delta f + \frac{4kT\Delta f}{R} + I_{\mathrm{v}}{}^2 + I_{\mathrm{c}}{}^2 \end{gathered} \tag{6-14}$$

则对于模拟探测工作方式的水下无线光通信系统而言，其功率信噪比为

$$\mathrm{SNR} = \frac{(P_{\mathrm{r}}SG)^2}{2e(P_{\mathrm{r}} + P_{\mathrm{b}})SG^2\Delta fF_{\mathrm{m}} + 2ei_{\mathrm{d}}\Delta f + \dfrac{4kT\Delta f}{R} + I_{\mathrm{v}}{}^2 + I_{\mathrm{c}}{}^2} \tag{6-15}$$

在光子计数工作方式的水下无线光通信系统中，通常采用多次测量累计的方式来评价信噪比[21]。用 n 表示累计次数，则信号光子数表示为

$$N_{\mathrm{s}} = \frac{\sum_{k=1}^{n} N_1(k) - \sum_{k=1}^{n} N_0(k)}{n\cdot\Delta T} \tag{6-16}$$

其中，ΔT 表示时域脉冲宽度，$N_1(k)$ 表示接收机接收到信号光时第 k 个时域脉冲宽度中的光子数，$N_0(k)$ 表示接收机没有接收到信号光时第 k 个时域脉冲宽度中的光子数。而噪声光子数表示为

$$N_{\mathrm{b}}=\frac{\sum_{k=1}^{n}N_0(k)}{n\cdot\Delta T} \tag{6-17}$$

在信号光到达时，噪声也随着到达探测器，因此输出的光子数含有噪声产生的光子和信号光产生的光子。在计算光子数时，需要结合没有信号光到达时仅噪声产生的光子数换算出 N_{s}。

光子计数工作方式的水下无线光通信系统的 SNR 可以表示为

$$\mathrm{SNR}=\frac{N_{\mathrm{s}}}{N_{\mathrm{b}}} \tag{6-18}$$

6.3 分集接收技术

对于通信设备中的绝大多数噪声，中心极限定理都是成立的，即噪声满足高斯分布，噪声的起伏可描述为具有统计稳定性的随机过程，其统计特性是与时间无关的。因此，对于通信系统中的绝大多数噪声源来讲，高斯噪声都能很好地描述其特性。从接收端的角度来看，可以采用分集接收技术来提高接收信号的信噪比，从而大幅提升通信距离或者在同等通信距离下降低误码率。本节主要分析分集接收技术对于接收性能的提升[22]。

6.3.1 分集接收理论

水下长距离激光通信所面临的关键问题是激光信号在水体中传输时容易受到水体散射和吸收的影响，随着传输距离的增加，激光能量下降，从而导致接收端信噪比降低，进而影响通信的稳定性[23-24]。在这种情况下，为了延长激光信号的传输距离，降低误码率，一方面发射端激光器采用海水传输窗口的蓝绿光，并且配合脉冲位置调制的调制方式提高激光的峰值功率[25]；另一方面则是提高接收端的灵敏度[26]。为了提

高接收端的灵敏度，本节研究将最大比合并（MRC）分集接收技术应用于水下无线光通信系统，推导了 MRC 加权系数的分配方式，分析了接收支路数目与系统误码率性能之间的关系，结果表明分集接收可以改善水下无线光通信系统接收端的灵敏度，增强系统稳定性，从而增加水下无线光通信距离，降低误码率。

分集接收技术是将接收端携带同一信息的多个相互独立的信号副本进行特定合并处理的技术，接收端配置多个光电探测器，通过将每个光电探测器接收的信号副本进行特定合并处理，获得分集增益，改善系统通信性能[27]。水下无线光通信分集接收系统示意如图 6-3 所示。激光器发送经过编码、调制后的 DPPM 信号，DPPM 信号经过水体的散射和吸收后到达接收端，被不同的 PMT 接收并转换为电信号供高速 ADC 采集，各路采集到的信号幅度数值（电平信息）被传给主控电路，按照不同的加权系数进行合并，合并后的信号经过解调、译码后传送给上位机[28]。

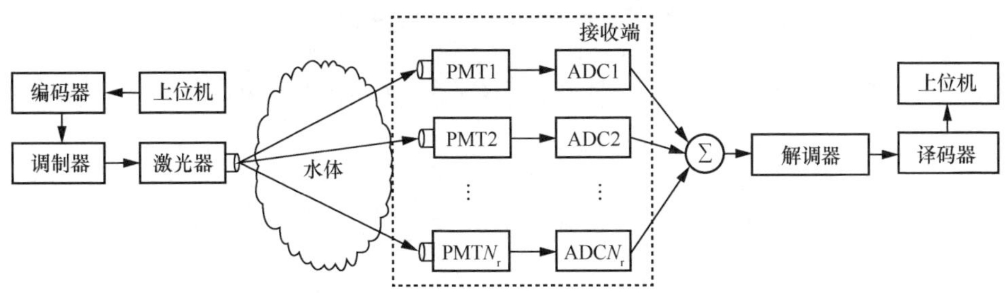

图 6-3　水下无线光通信分集接收系统示意

水下通信设备的噪声满足高斯分布，对于 N_r 路接收，每路信号处的采样均值记为 a_n，非信号位置的采样均值记为 b_n，标准差记为 σ_n，加权系数记为 x_n，则信噪比 R 可以表示为

$$R=\frac{\sum_{n-1}^{N_r}x_n(a_n-b_n)}{\sqrt{\sum_{n-1}^{N_r}(x_n\sigma_n)^2}} \tag{6-19}$$

分集接收的目的就是利用各路噪声相互独立，根据中心极限定理分开接收后再合并来提高信噪比[8]。等增益合并是按各路加权系数相等进行合并，即 $x_1=1, x_2=1$，…，$x_{N_r}=1$。当各路信噪比相同时，等增益合并可以将信噪比提高 $\sqrt{N_r}$ 倍[29-30]。在水下

无线光通信的实际应用中，发射端与接收端有对准偏差，各路光电接收机摆放位置不相同，器件灵敏度存在差异，接收到的光信号路径不相同，探测器噪声也不相同，造成各路接收信噪比不相同。在这种情况下，按照等增益合并来分配加权系数不是最佳的加权系数分配方式[31]。为使信噪比得到最高的增益，应寻找最佳加权系数 $x_1, x_2, \cdots, x_{N_r}$，使合并后的信噪比达到最大值。

将信噪比 R 视为关于 $x_1, x_2, \cdots, x_{N_r}$ 的多元函数，则在信噪比最大处对任意 x_i 有

$$\frac{\partial R}{\partial x_i}=\frac{(a_i-b_i)\sqrt{\sum_{n=1}^{N_r}(x_n\sigma_n)^2}-\dfrac{\sigma_i^2 x_i\sum_{n=1}^{N_r}x_n(a_n-b_n)}{\sqrt{\sum_{n=1}^{N_r}(x_n\sigma_n)^2}}}{\sum_{n-1}^{N_r}(x_n\sigma_n)^2}=0 \tag{6-20}$$

$$(a_i-b_i)\sqrt{\sum_{n=1}^{N_r}(x_n\sigma_n)^2}-\frac{\sigma_i^2 x_i\sum_{n=1}^{N_r}x_n(a_n-b_n)}{\sqrt{\sum_{n=1}^{N_r}(x_n\sigma_n)^2}}=0 \tag{6-21}$$

$$(a_i-b_i)\sum_{n=1}^{N_r}(x_n\sigma_n)^2-\sigma_i^2 x_i\sum_{n=1}^{N_r}x_n(a_n-b_n)=0 \tag{6-22}$$

同理对 x_j 求偏导得

$$(a_j-b_j)\sum_{n=1}^{N_r}(x_n\sigma_n)^2-\sigma_j^2 x_j\sum_{n=1}^{N_r}x_n(a_n-b_n)=0 \tag{6-23}$$

将式（6-22）乘以 $\sigma_j^2 x_j$，减去式（6-23）乘以 $\sigma_i^2 x_i$ 可得

$$(a_i-b_i)\sigma_j^2 x_j\sum_{n=1}^{N_r}(x_n\sigma_n)^2-(a_j-b_j)\sigma_i^2 x_i\sum_{n=1}^{N_r}(x_n\sigma_n)^2=0 \tag{6-24}$$

$$\frac{x_i}{x_j}=\frac{\dfrac{a_i-b_i}{\sigma_i^2}}{\dfrac{a_j-b_j}{\sigma_j^2}} \tag{6-25}$$

将式（6-25）代入式（6-19）可得，MRC 的信噪比为

$$R=\frac{\sum_{n=1}^{N_r}\dfrac{(a_n-b_n)^2}{\sigma_n^2}}{\sqrt{\sum_{n=1}^{N_r}\dfrac{(a_n-b_n)^2}{\sigma_n^2}}}=\sqrt{\sum_{n=1}^{N_r}R_n^2} \tag{6-26}$$

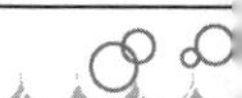

从以上分析可得，按照式（6-26），各路加权系数按各路的信号幅度与噪声功率之比进行分配，能使合并后的信噪比达到最大值。

6.3.2　分集增益分析

以 4 路分集接收为例，DPPM 方式下对等增益合并（EGC）与最大比合并（MRC）的性能作分析对比。其中，4 路噪声相互独立且满足 $X \sim N(0,10^2)$，其中 $X \sim N(\mu,\sigma^2)$ 表示期望为 μ 、标准差为 σ 的高斯分布。4 路信号幅度分别按照 $\mu_1 = i^{1.1}$ 、$\mu_2 = i^{1.2}$ 、$\mu_3 = i^{1.3}$ 和 $\mu_4 = i^{1.4}$ 递增，其中 i 从 0 到 20 递增，通信系统误码率要求小于 10^{-5} 。EGC 与 MRC 误码率对比如图 6-4 所示，从图 6-4 中可以看出 EGC 要求单路平均信噪比达到 12.55dB，而 MRC 要求单路平均信噪比为 11.73dB，采用 MRC 可以在相同误码率指标下降低对单路平均信噪比的要求。

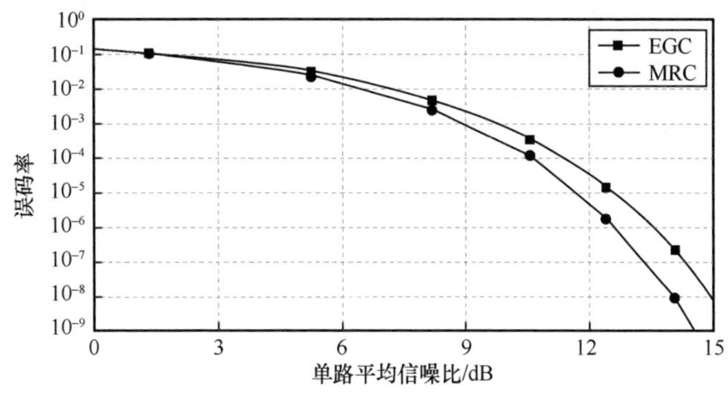

图 6-4　EGC 与 MRC 误码率对比

随着分集接收路数的增加，合并后的误码率性能会提升，但是会造成接收机的成本提高。下面，对 PPM 方式，不同数量接收机下的最大比合并性能进行分析对比。其中，各路噪声相互独立且满足 $X \sim N(0,10^2)$，各路信号幅度分别按照 $\mu_1 = i^{1.1}$ 、$\mu_2 = i^{1.2}$ 、$\mu_3 = i^{1.3}$ 、$\mu_4 = i^{1.4}$ 、$\mu_5 = i^{1.5}$ 、$\mu_6 = i^{1.6}$ 、$\mu_7 = i^{1.7}$ 和 $\mu_8 = i^{1.8}$ 递增，其中 i 从 0 到 20 递增，通信系统误码率要求小于 10^{-5} 。不同数量接收机下 MRC 的误码率性能对比如图 6-5 所示。从图 6-5 中可以看出，$N = 2$ 时需要单路平均信噪比达到 13.09dB，$N = 3$ 时需要 12.41dB，$N = 4$ 时需要 11.73dB，$N = 5$ 时需要 11.25dB，$N = 6$

时需要 10.97dB，$N=7$ 时需要 10.71dB，$N=8$ 时需要 10.5dB。随着接收机数量的增加，合并后所需的单路平均信噪比要求降低，但是合并后性能的改善效果逐渐减小，可以看出当 $N>6$ 时，误码率性能提升已不再明显。考虑综合合并后性能的提升及系统设计成本和复杂度，以 6 路合并作为水下激光通信系统的最优方案，考虑成本的情况下可选择 4 路，性能有所下降，通常不建议超过 8 路，性能提升有限，并且性价比不高。

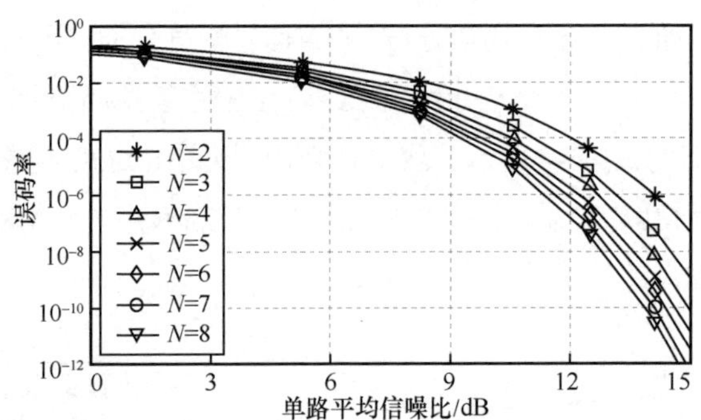

图 6-5　不同数量接收机下 MRC 的误码率性能对比

6.4　光子计数接收技术

光子计数接收机能够实现数比特每光子的通信灵敏度[32]。然而，高灵敏度的光子计数接收机同时也会对背景光非常灵敏。长距离光通信时，接收端光信号微弱到单光子量级，同时也会受到信号光的散粒噪声影响。考虑上述光子计数接收系统面临的困难，主要的解决途径是让光子计数接收系统配合 M-PPM 和前向纠错（forward error correction，FEC）编码，使其能适应水下信道[33]。

6.4.1　单光子探测接收

水下长距离光通信系统只有利用光子计数模式才能探测到微弱的单光子信号实现通信。在光子计数接收解调-译码器的前端，配合单光子探测器，加入滤光片和接收望远镜光学收集系统即可组成单光子探测接收系统。高灵敏度单光子探测接收系统由于其在体积小、质量和功率低的条件下还能兼顾高通信速率、大带宽的优点，已经被广泛应用于激光通信系统中。激光雷达系统中单光子探测接收系统的工作机制是重复固定频率发送激光脉冲，接收系统可以对回波信号进行累加来统计出单位时间的光子数。然而对于激光通信系统，由于通信速率的限制，接收系统无法进行多次累加，要求针对每一个激光脉冲能准确定位出其位置从而完成解调，所以在空间激光通信系统中，往往选择连续激光器外调制的方式，给激光器设定一个长脉冲宽度，从而方便接收系统在脉冲宽度时间内对光子进行计数。

对于水下长距离光通信系统，由于信道具有强烈的衰减，连续激光器的单脉冲功率不高，只能采用固态激光器产生重复频率低但是峰值功率高的脉冲激光来建立链路，固态激光器的发射脉冲宽度往往只有 10ns 量级，经长距离水体展宽和衰减后，单光子探测器上仅能计数出数个光子。如果帧同步失败，最坏的情况是接收系统将符号（symbol）的起始位置与脉冲中心位置对齐，从而造成单个符号周期（symbol period）内最大可计数光子减少一半。以上难点要求单光子探测接收系统应用于水下无线光通信时一定要能准确完成帧同步的功能，同时配合优良的解调算法，研究其适合的信道编码。

单光子探测接收系统与 PPM 方式相结合可以实现高灵敏度水下通信。在 M-PPM 中，每个符号通过发射端在 M 个时隙中选择一个位置发送代表 $\log M$ 比特信息[34]。当激光器的平均功率受限时，可以通过增加 PPM 中 M 的阶数来提高通信速率[35]。通过 PPM，激光器能工作在高峰值功率、低平均功率的状态下。对于水下无线光通信系统，接收到的信号光子数与发射激光脉冲的能量相关。如果经过信道传输后到达接收端的激光脉冲已衰减至十几个光子甚至几个光子，则单脉冲光子数的概率分布将会服从泊松分布。由于受噪声的影响，单个符号周期内的信号光子数均值 n_s 不能被探测器直接测出。定义单个符号周期内的噪声光子数均值为 n_b，符号“1”的光子数均值为 n_1，符号“0”的光子数均值为 n_0，有如下关系

$$\begin{cases} n_s = n_1 - n_0 \\ n_b = n_0 \end{cases} \tag{6-27}$$

我们采用 256-PPM 方式，每个脉冲代表 1byte 信息，误符号率（SER）与 SNR 可以表示为

$$\mathrm{SER}=1-\left(\sum_{i=0}^{n_t}\frac{n_0^i}{i!}\mathrm{e}^{-n_0}\right)^{M-1}\left(\sum_{i=n_t+1}^{\infty}\frac{n_1^i}{i!}\mathrm{e}^{-n_1}\right) \tag{6-28}$$

$$\mathrm{SNR}=\frac{n_\mathrm{s}}{n_\mathrm{b}}=\frac{n_1-n_0}{n_0} \tag{6-29}$$

其中，$1-\sum_{i=0}^{n_t}\frac{n_0^i}{i!}\mathrm{e}^{-n_0}$ 称为虚警概率，$1-\sum_{i=n_t+1}^{\infty}\frac{n_1^i}{i!}\mathrm{e}^{-n_1}$ 称为漏警概率，n_t 为解调光子数阈值，M=256。

阈值 n_t 的计算对于解调至关重要，对于一个单光子探测接收系统接收到 n 个光子的情况，其最大对数似然比（LLR）为[36]

$$\mathrm{LLR}=\ln\frac{p(1|n)}{p(0|n)}=\ln\frac{p(n|1)}{p(n|0)}=\ln\frac{\mathrm{e}^{-n_1}n_1^n}{\mathrm{e}^{-n_0}n_0^n}= \\ n_0-n_1+n(\ln n_1-\ln n_0) \tag{6-30}$$

LLR 是产生硬判决阈值的根据，对每一个符号而言，如果 LLR$\geqslant 0$，就将该符号硬判为“1”；如果 LLR<0，就将该符号硬判为“0”。如果在 256 个符号中出现多个被硬判为“1”的情况，选取光子数最多的作为脉冲位置。阈值 n_t 的计算式为

$$n_\mathrm{t}=\frac{n_1-n_0}{\ln n_1-\ln n_0} \tag{6-31}$$

在纠错码中，通信速率与纠错能力相互制约，需要在它们中取得一个平衡点。低码率可以获得较好的误符号率性能，然而它也限制了通信速率。码率可以表示为

$$R=\frac{k}{n} \tag{6-32}$$

其中，k 表示信息码元长度，n 表示编码长度。

6.4.2 多光子计数接收

单光子探测接收系统已逐步应用于激光通信领域[37-38]，在弱光环境下的探测灵敏度高、误码率低。为了进一步降低误码率，必须提高单个码片时间光子数阈值，使光子数阈值逼近传统单光子探测接收系统单个码片时间能够响应的光子数，在这

种情况下，误码率已不能进一步降低。多光子计数接收系统可以显著增加单位时间内探测到的光子数，从而显著降低激光通信的误码率。在信噪比增加的情况下，多光子计数接收系统能使通信系统误码率显著降低，从而提高通信系统的误码率性能。本节多光子计数接收通信系统不仅兼具了传统单光子探测接收系统灵敏度高的优点，还可以显著降低误码率，保证通信的可靠性。

比较光子计数器输出的单个码片时间光子数 n 和光子数阈值 n_t ，当 $n \geqslant n_t$ 时，判定接收到的码片信号为“1”；当 $n < n_t$ 时，判定接收到的码片信号为“0”。在激光通信过程中，每个码片发送“0”或“1”的情况均不确定，而通信系统 BER 由虚警概率 P_1 和漏警概率 P_2 共同决定[39-40]。假设虚警概率和漏警概率相等，则 $\text{BER} = \frac{1}{2}P_1 + \frac{1}{2}P_2$ ，BER 计算式[41-42]为

$$\text{BER} = \log\left(\frac{1}{2} + \frac{1}{2}\left(\sum_{k=0}^{n_t}\frac{\mathrm{e}^{(n_s+n_b)}(n_s+n_b)^k}{k!} - \sum_{k=0}^{n_t}\frac{\mathrm{e}^{n_b}n_b^k}{k!}\right)\right) \tag{6-33}$$

$n_t \in [n_b, n_{s\_min} + n_b]$ 时，设定较大的光子数阈值 n_t ，虚警概率 P_1 会增大而漏警概率 P_2 会减小；设定较小的光子数阈值 n_t ，虚警概率 P_1 会减小而漏警概率 P_2 会增大，如图 6-6 所示。

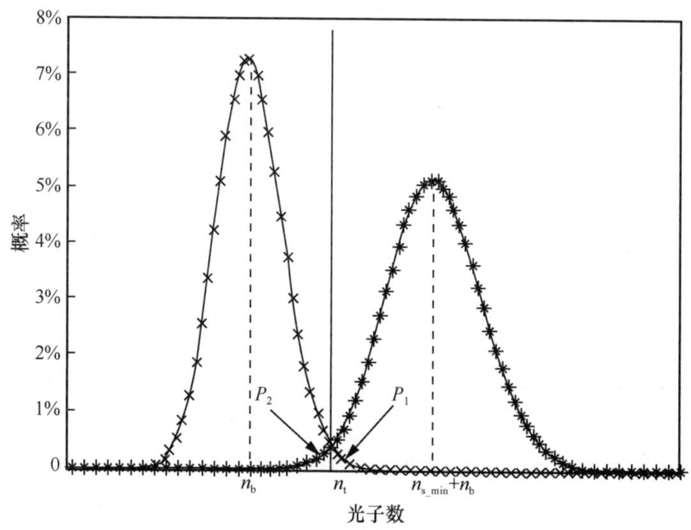

图 6-6　光子数阈值 n_t 与虚警概率 P_1 和漏警概率 P_2 的关系

最佳阈值的设定已在式（6-31）中给出。在实际的情况中，单光子探测器只能在响应时间内对接收到的光信号幅度进行一次阈值比较，判断是否有光子到达，不能确定到达的光子数，因此会大大限制单个码片光信号脉冲的光子数统计，无论对于信号光子数n_s还是噪声光子数n_b都很容易饱和。而一旦饱和，则无法准确衡量光子数，那么对于光子数阈值的计算也会产生误差。采用多光子计数接收系统能够同时区分多个光子的到来，并输出多光子脉冲信号给后续多光子计数器计数，因而可以成倍地提高单个码片时间内能输出的最大光子数n_{t_max}，更准确地衡量光子数，从而使n_s、n_b增大，$n_s < n_{t_max}$且$n_b < n_{t_max}$，此时将计算出的最佳阈值n_t作为判断阈值，从而有望获得最小的通信系统误码率。

参考文献

[1] 王君容, 薛召南. 光电子器件[M]. 北京: 国防工业出版社, 1982.

[2] 方如章, 刘玉凤. 光电器件[M]. 北京: 国防工业出版社, 1988.

[3] 张阜权, 孙荣山, 唐伟国. 光学[M]. 北京: 北京师范大学出版社, 1985.

[4] BUZHAN P, DOLGOSHEIN B, FILATOV L, et al. Silicon photomultiplier and its possible applications[J]. Nuclear Instruments and Methods in Physics Research A, 2003, 504(1/2/3): 48-52.

[5] HAMAMATSU. SI PIN photodiodes datasheet[EB]. 2023.

[6] BROWN R G W, RIDLEY K D, RARITY J G. Characterization of silicon avalanche photodiodes for photon correlation measurements.1: passive quenching[J]. Applied Optics, 1986, 25(22): 4122-4126.

[7] TSANG W T. 半导体光检测器[M]. 杜宝勋等, 译. 北京: 电子工业出版社, 清华大学出版社, 1992.

[8] 陈成杰, 徐正卜. 光电倍增管[M]. 北京: 原子能出版社, 1988.

[9] 王海科, 吕云鹏. 光电倍增管特性及应用[J]. 仪器仪表与分析监测, 2005(1): 1-4.

[10] 张弛, 艾勇, 代永红, 等. 基于高速微弱光电探测相关技术的浅析研究[J]. 科学技术与工程, 2014, 14(8): 182-185.

[11] 高晋占. 微弱信号检测[M]. 北京: 清华大学出版社, 2004.

[12] SALEH B E A, TEICH M C. Fundamentals of photonics[J]. Physics Today, 1992, 45(11): 87.

[13] YOUNG R. Detection of light: from the ultraviolet to the submillimeter[J]. Color Research & Application, 2006, 31(6): 512.

[14] PARKER M A. Physics of optoelectronics[M]. Boca Raton: CRC Press, 2005.
[15] GHIONE G. Semiconductor devices for high-speed optoelectronics[M]. Cambridge: Cambridge University Press, 2009.
[16] DONATI S. Photodetectors: devices, circuits, and applications[J]. Measurement Science and Technology, 2001, 12(5): 653.
[17] DERENIAK E L, CROWE D G. Book-review-optical radiation detectors[J]. Skytel, 1985, 70: 567.
[18] GRAMSCH E. Noise characteristics of avalanche photodiode arrays of the bevel-edge type[J]. IEEE Transactions on Electron Devices, 1998, 45(7): 1587-1594.
[19] WANG L G, JIAN T C, HAI-WEI M U, et al. Noise analysis and circuit design of detection circuit based on photodiode[J]. Journal of Daqing Petroleum Institute, 2009.
[20] HAKIM N Z, SALEH B E A, TEICH M C. Signal-to-noise ratio for lightwave systems using avalanche photodiodes[J]. Journal of Lightwave Technology, 1991, 9(3): 318-320.
[21] 王建宇，洪光烈，卜弘毅，等. 机载扫描激光雷达的研制[J]. 光学学报，2009，29(9): 2584-2589.
[22] 胡思奇，周田华，陈卫标. 水下激光通信最大比合并分集接收性能分析及仿真[J]. 中国激光, 2016, 43(12): 201-208.
[23] 李仪伟，毕卫红，任炎辉. 水下激光通信中脉冲时域展宽的模拟计算方法[J]. 光学技术, 2012, 38(5): 569-572.
[24] 李小川. 蓝绿激光在海水中的散射特性及其退偏研究[D]. 成都：电子科技大学, 2006.
[25] 魏丽英. 空间激光通信系统 PPM 调制技术的研究[D]. 长春：长春理工大学, 2007.
[26] 王俊. 高速率高灵敏度宽带大气激光通信接收技术研究[D]. 长春：长春理工大学, 2012.
[27] 张慧颖，李洪祚，肖冬亚，等. 大气湍流综合效应下空间分集接收性能研究[J]. 中国激光, 2016, 43(4): 130-138.
[28] 胡秀寒，周田华，贺岩，等. 基于数字信号处理机的水下光通信收发系统设计及分析[J]. 中国激光, 2013, 40(3): 123-129.
[29] 李兆训，窦冬冬，任修坤，等. 双瑞利衰落下等增益合并接收系统性能分析[J]. 信息工程大学学报, 2011, 12(1): 37-42.
[30] 胡秀寒. 水下光通信系统中的自适应数字化阵列接收技术研究[D]. 上海：中国科学院上海光学精密机械研究所, 2015.
[31] 王轶，达新宇，李艳华. 相关瑞利衰落信道最大比合并建模仿真研究[J]. 舰船电子工程, 2008, 28(2): 70-73.
[32] BOROSON D M, CHEN C C, EDWARDS B. Overview of the Mars laser communications demonstration project[C]//Proceedings of the Digest of the LEOS Summer Topical Meetings. Piscataway: IEEE Press, 2005: 5-7.
[33] PHILLIPS A J, CRYAN R A, SENIOR J M. An optically preamplified intersatellite PPM

receiver employing maximum likelihood detection[J]. IEEE Photonics Technology Letters, 1996, 8(5): 691-693.

[34] PIERCE J. Optical channels: practical limits with photon counting[J]. IEEE Transactions on Communications, 1978, 26(12): 1819-1821.

[35] MILANOVIC J, HERCEG M, VRANJES M, et al. Method for bandwidth efficiency increasing of M-ary PPM transmitted-reference UWB communication systems[J]. Wireless Personal Communications, 2015, 83(3): 1927-1944.

[36] RAO H G, DEVOE C E, FLETCHER A S, et al. A burst-mode photon counting receiver with automatic channel estimation and bit rate detection[C]//Proceedings of the Free-Space Laser Communication and Atmospheric Propagation XXVIII, SPIE Proceedings. Washington: SPIE, 2016: 136-147.

[37] FARR W H. Photon-counting detectors for optical communications[C]//Proceedings of the Digest of the LEOS Summer Topical Meetings. Piscataway: IEEE Press, 2005: 17-18.

[38] VERGHESE S, COHEN D M, DAULER E A, et al. Geiger-mode avalanche photodiodes for photon-counting communications[C]//Proceedings of the Digest of the LEOS Summer Topical Meetings. Piscataway: IEEE Press, 2005: 15-16.

[39] SENIOR J M. Optical fiber communications (2nd ed.): principles and practice[M]. Lodon: Prentice Hall International (UK) Ltd, 1993.

[40] YARIV A, YEH P. Photonics: optical electronics in modern communications (the Oxford series in electrical and computer engineering)[M]. New York: Oxford University Press, 2006.

[41] LI T Y. Optical fiber communications[M]. Lodon: Prentice Hall International (UK) Ltd, 1985.

[42] KEISER G. Optical fiber communications[M]. New York: McGraw-Hill, 1983.

第 7 章 水下长距离高速无线光通信系统

水下光通信朝两个方向发展[1]。一个是短距离大容量，用于非接触式高速数据回传，适合用于水下无人平台回传海洋观测数据；另一个是较长距离较高速率，用于实现远程数据交互，水下应用场景丰富，需求更为迫切。本章主要围绕如何高效实现尽可能长的水下传输距离和尽可能高的通信速率，开展了相应的水下长距离高速无线光通信系统总体方案研究和系统详细设计，研制了水下工程样机，通过水池、湖上和海上等实验验证了其在水下 100m 传输距离（c=0.1m^{-1}）、10Mbit/s 全双工自主交互的能力，为水下科学考察信息和海底观测数据的高效收集提供了一种新的技术手段，为读者从事水下光通信系统设计和研究提供参考。

7.1 总体方案

水下无线光通信的典型应用场景为水下观测基站、自治式潜水器（autonomous underwater vehicle，AUV）和遥控潜水器（remote-operated vehicle，ROV）等潜水器获取到了大量的海洋科学考察数据，需要将大容量数据进行回传[2]。现有数据回传方式主要为有线方式、自容方式和延时无线传输方式。有线方式，由于借助光纤或电缆，限制了水下平台活动范围，如采取湿插拔则存在对接风险；自容方式，待回收后再读取，时效性较差，同时存在丢失风险；延时无线传输方式，需上浮至水面借助卫星通信等无线通信手段，增加了作业时间和外部风险。蓝绿光通信作为一种新型水下无线光通信手段，借助载人潜水器或者中继式 AUV 在水下实现原位数据无线交互，延长了水下作业式 AUV 的工作时长，提高了基站观测数据时效性，同时也对无线光通信提出了双工通信、易于对准、无对接碰撞风险、不易受背景光干扰、动态范围大等要求，以满足水下一方或者双方都是动态游动情况下的真实需求[3]。基于上述实际场景的应用需求，本节针对性地开展了双向、大开角、中长距离全双工通信系统的总体方案设计。

全双工以太网 UWOC 系统架构如图 7-1 所示[4]。该系统由一对通信终端组成，分别是终端 A 和终端 B。全双工通信要求两个通信终端都能实现同时收发信息，因此，为了实现收发信息不受干扰，采用双波长收发分离的方法来应对自干扰问题，在这里采用蓝光和绿光两种颜色的光源。每个通信终端由 6 个主要部分组成，即光源、探测器、驱动模块、AD（analog to digital）转换模块、数字信号处理（digital signal processing，DSP）模块和以太网模块。从图 7-1 中可以看出，如果用户 A 发送以太网数据至用户 B，则信息传输路径如下：在发射端，用户 A 通过网线连接通信终端，用户 A 发送的以太网信号首先到达终端 A 内部的以太网模块，以太网模块主要由以太网 PHY 芯片组成，是终端 A 与用户 A 通信的桥梁；然后以太网模块将信号数据传到 DSP 模块，DSP 模块的主要功能是进行信号同步、调制解调、编码译码和数据存储；编码信号调制完成后经过驱动模块，以电信号形式驱动和控制蓝光光源的亮度变化来调制信息；无线光信号在水下信道传输后到达接收端终端 B，终端 B 内部的探测器将光信号转换为电信号；然后利用 AD 转换模块对电信号采样后转换为数字信号；终端 B 的 DSP 模块对从 AD 转换模块得到的数字信号进行信号同步、解调译码以恢复出原始信号和存储数据；再经由以太网模块将数据传给用户 B。用户 B 发送以太网数据至用户 A 的信号处理流程与上述类似，方向相反，但信号处理方式完全相同。

采用蓝光和绿光两种波长的原因主要是为了实现全双工[5]，以便通过配置光学滤波器，在发射光信号的同时仅接收对方波长的光信号，抑制自身发射光的后向散射影响，同时也更好地抑制外部环境背景光的影响，解决现有 UWOC 系统水下应用时一般要求关闭照明光源，而潜水器出于水下安全作业需要，通常需要保持打开照明光源的矛盾。

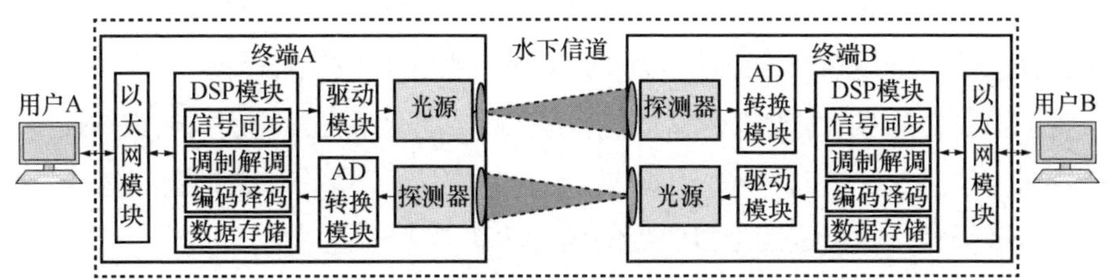

图 7-1　全双工以太网 UWOC 系统架构

采用高速 AD 转换模块的出发点主要是为了扩大可靠通信的信号动态范围，适应水下应用时双方游动情况下信号存在明显起伏的情况，可以根据采集到的背景噪声和信号幅度自适应设置甄别阈值，避免固定阈值比较器对信噪比要求较高，同时小信号情况下无法正常甄别出信号的缺点。

采用 FPGA 或者 DSP 模块进行数字信号处理的目的主要是方便对高速 AD 转换模块获取到的信号进行信号同步、匹配滤波、数字滤波、相关运算、编码译码等，进一步提升信号处理的能力和灵活性，挖掘系统传输距离的潜能，延长水下通信距离，同时也间接增强了通信的可靠性。

根据应用场合的要求，内部可按需配置下位工控机。对于摄像机视频传输、远端操控等实时性强的数据传输场合，可以采用网络透传方式，无须内置工控机，配对好的水下无线光通信系统就相当于一根网线，双方只要对准就可以实现无感透传。对于大容量数据可靠传输，需要借助唤醒协议按需进行双方握手协商的情况，可内置工控机，设计相应的上位工控机应用软件和交互协议，根据双方握手信号达成情况和误码情况进行参数自适应调整，同时也便于人工介入和手动操作。

7.2　系统参数设计

UWOC 系统的传输距离与水质密切相关，忽略水质约束只讨论通信距离是不够科学和全面的。考虑水下无线光通信的主要应用场景为海洋，尤其是深海大洋，通常水质较为清澈洁净，达到优于 Jerlov II 类水质的标准，适合蓝绿光的传输。根据典型应用场景下水质衰减系数 c=0.1m^{-1}，开展传输距离为 100m 的系统参数设计，并结合对准需求，以±15°的通信开角作为输入、接收端±20°视场角作为要求，开展水下光通信链路功率预算以确定发射功率和所需的接收直径[6]。

根据第2章中激光的海洋传输特性和第3章中的水下无线光通信信道特性可知，激光在水下长距离传输时，受吸收和散射的综合作用，信号不断衰减。给定接收直径和接收视场角，则接收面上接收到的信号功率 P_r 为

$$P_r \cong P_s S_s \alpha_w \alpha_g \alpha_{fov} T_r \tag{7-1}$$

其中，P_s 为发射功率，S_s 为发射系统光学透过率，T_r 为接收系统光学透过率，α_w 为水体吸收和散射导致的衰减，服从贝尔定律；α_g 为接收直径有限引入的几何衰减，与接收机有效面积成反比；α_{fov} 为接收视场受限引入的衰减，与接收机有效立体角成反比。为确定相应的衰减，下面采用 MC 方法模拟仿真，在给定水质参数条件下，获得传输 100m 后接收面上的光场分布以及发散角度概率分布，如图 7-2 所示。从图 7-2（a）可以看出，接收面光斑采用高斯光斑进行拟合，等效于半径为 68m 的高斯圆光斑，相对于发散角±15°初始发射光场传输 100m 处的半径为 27m 的接收面光斑，扩散了约 2.5 倍[7]。

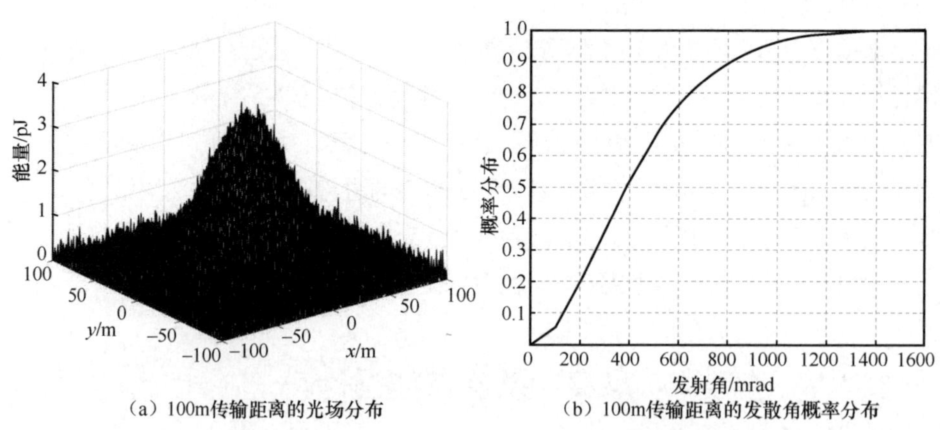

（a）100m传输距离的光场分布　　（b）100m传输距离的发散角概率分布

图 7-2　水下传输 100m 后的光场分布和角度概率分布

考虑接收端±20°接收视场，等效于接收面上最大偏移 36.4m，以接收机放置在

距离中心 36.4m 的极限情况为例，基于仿真获得的接收直径和接收视场角分布可以通过累加积分统计的方式计算相应的 α_g 和 α_{fov}。以接收机放置在光束中心为例，α_g 和 α_{fov} 分别如式（7-2）、式（7-3）所示。

$$\alpha_g = \frac{\sum_{\varnothing D} P_i}{\sum_{\varnothing 100} P_i} \tag{7-2}$$

$$\alpha_{fov} = \frac{\sum_0^{\theta} P_i}{\sum_0^{1600} P_i} \tag{7-3}$$

相应结果代入式（7-1），可以获得表 7-1 所示的链路参数[8]，全程信道链路衰减近 84dB。

表 7-1　水下无线光通信链路参数

参数	链路要素	数值	引入衰减/dB	备注
发射机参数	功率 P_s	1W	0	单位功率
	发散角	±15°	—	—
	光学透过率 S_s	0.9	0.4	—
水体参数	衰减系数 c	c=0.1m^{-1}	30	按 100m 估算
	不对称因子 g	0.95	—	—
接收机参数	有效直径 D	Φ50mm	41	几何衰减
	视场角 θ	±20°	12	视场角衰减
	光学透过率 T_r	0.9	0.4	—
链路总衰减	—	—	83.8	~84dB
链路余量	—	6dB	—	~90dB
接收信号功率	P_r	1nW	−90dB	—

基于上述链路预算，采用发射功率为 1W 的蓝光、绿光光源，配置接收灵敏度达到−90dB 的探测器，可以实现 100m 的通信距离。

7.3　光源选择

在进行光源选择时，需要考虑两个前提条件：第一，能够实现系统指标中 100m

的长距离传输；第二，能够实现全双工通信，即收发光波长互不干扰。

对于第一个条件，在基于 MC 仿真的水下信道建模研究中可以发现，随着传输距离的增加，由于水下信道的内在光学特性，接收端接收到的光功率呈指数衰减，与比尔-朗伯定律（Beer-Lambert law）中水下环境光衰减效应的公式一致。全双工以太网 UWOC 系统设计的指标要求在优于 Jerlov II类水质下可实现的通信距离达到 100m，故能在有限的功率下实现更远距离传输是进行光源选择的前提条件。第 4 章介绍了水下无线光通信研究中常用的光源为 LD 和 LED，LED 的发散角较大，导致较多的光能量由于几何衰减而无法被接收端有效接收，因此 LED 更适用于短距离通信；相比于 LED，LD 的发散角较小，能够使传输中的光能量更为集中，有利于实现更长的传输距离。因此，在进行长距离的全双工以太网 UWOC 系统设计时，我们所选择的发射光源为 LD[9]。

对于第二个条件，要求能够实现全双工通信，即能同时发送和接收光信号。后向散射研究结果表明，全双工系统中后向散射带来的自干扰或光信噪比降低是影响系统通信性能的重要因素之一，并进一步提出了采用双波长收发分离的方法来缓解自干扰问题。因此，为了实现全双工通信、降低自干扰问题，我们基于双波长收发分离的方法，选择蓝光 LD 和绿光 LD 分别作为两个通信终端的发射光源，如图 7-1 所示，终端 A 发射蓝光、接收绿光，终端 B 发射绿光、接收蓝光。

基于系统参数设计中初步给出的 1W 功率要求，我们选择中国科学院苏州纳米技术与纳米仿生研究所国产的标称 1.5W 输出蓝光 LD 和 0.5W 输出绿光 LD。对标国外同类产品[10]，蓝光 LD 典型参数如表 7-2 所示，功率-电流-电压特性曲线如图 7-3（a）所示，中心波长为 450nm，波长范围为 440～455nm，典型工作电流为 1.2A，工作电压为 4.3V，输出光功率为 1.5W，典型出光效率约 29%，阈值电流范围为 150～220mA，即如果不需要出光可以将电流减小至 150mA 以下，如果需要出光，可将电流设置到 220mA 以上，该 LD 输出发散角约为 12°×60°。绿光 LD 典型参数如表 7-2 所示，功率-电流-电压特性曲线如图 7-3（b）所示，中心波长为 515nm，波长范围为 510～525nm，典型工作电流为 1.2A，工作电压为 6V，输出光功率为 0.5W，典型出光效率约为 7%，阈值电流范围为 350～600mA，即如果不需要出光可以将电流减小至 350mA 以下，如果需要出光，可将电流设置到 600mA 以上，该 LD 输出发散角约为 11°×65°。

表 7-2　选用的蓝光 LD 和绿光 LD 典型参数

参数		条件	符号	最小值	典型值	最大值	单位
1.5W 蓝光	输出光功率	I_f=1.2A	P_o	1.3	1.5	1.7	W
	中心波长	I_f=1.2A	λ_d	440	450	455	nm
	阈值电流	CW	I_{th}	150	190	220	mA
	斜率效率	CW	η	1.4	1.5	1.6	W/A
	工作电压	I_f=1.2A	V_{op}	4.1	4.3	4.5	V
	发散全角	I_f=1.2A	$\theta_{//}$	10	12	15	(°)
			$\theta_{\perp}$	55	60	65	(°)
	发射点精度	I_f=1.2A	$\Delta\theta_{\perp}$	−0.5	—	0.5	(°)
0.5W 蓝光	输出光功率	I_f=1.2A	P_o	0.4	0.5	0.7	W
	中心波长	I_f=1.2A	λ_d	510	515	525	nm
	阈值电流	CW	I_{th}	350	400	600	mA
	斜率效率	CW	η	0.5	0.6	0.7	W/A
	工作电压	I_f=1.2A	V_{op}	5.8	6	6.2	V
	发散全角	I_f=1.2A	$\theta_{//}$	10	11	15	(°)
			$\theta_{\perp}$	55	65	75	(°)
	发射点精度	I_f=1.2A	$\Delta\theta_{\perp}$	−0.5	—	0.5	(°)

注：①连续波（continuous wave，CW）；②//表示水平方向；③⊥表示垂直方向。

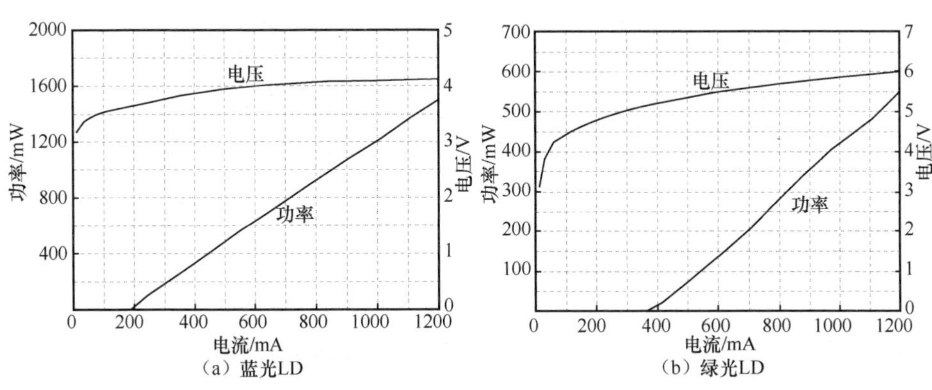

图 7-3　蓝光 LD 和绿光 LD 功率-电流-电压特性曲线

基于上述选定的蓝光 LD 和绿光 LD，我们分别测试了其波长调制特性，如图 7-4 所示，可以看出，该蓝光 LD 和绿光 LD 在 25MHz 时仍然具有较好的调制特性，完全可以满足系统所要求的 10Mbit/s 通信要求，同时具有较好的升级潜力。

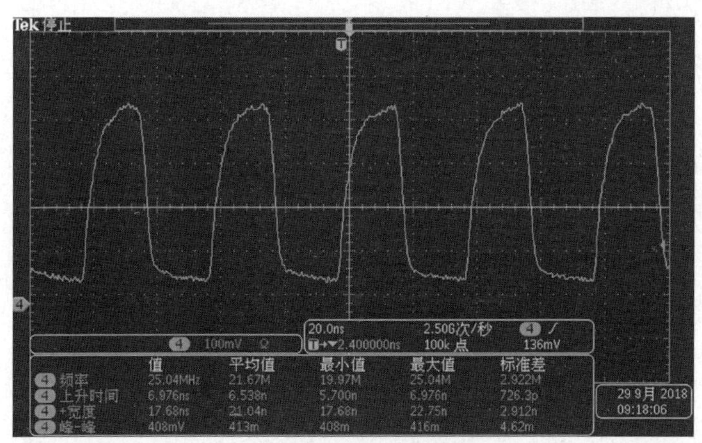

（a）蓝光LD 25MHz调制波形

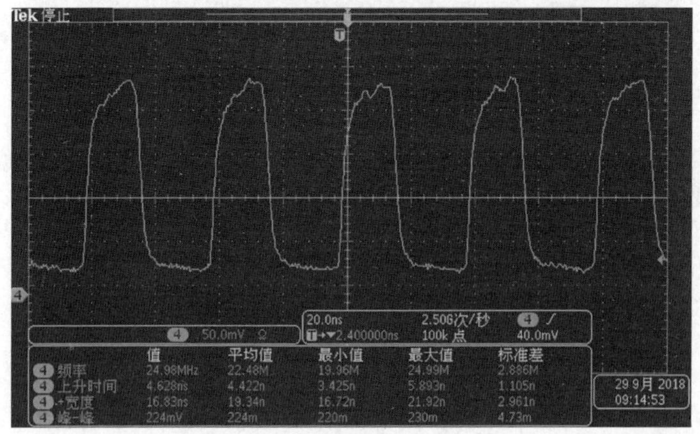

（b）绿光LD 25MHz调制波形

图 7-4　蓝光 LD 和绿光 LD 调制波长测试

考虑温度影响，我们测量了不同工作温度下蓝光 LD 和绿光 LD 的波长飘移特性，如图 7-5 所示，可以看出蓝光 LD 中心波长温度变化率约为 0.046nm/℃，绿光 LD 中心波长温度变化率约为 0.042nm/℃。

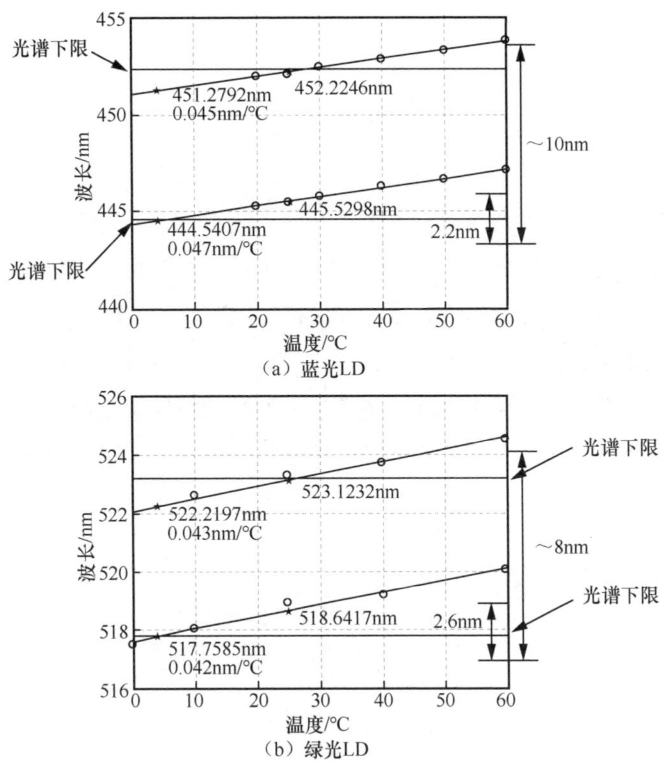

图 7-5　蓝光 LD 和绿光 LD 波长飘移测试

7.4　探测器选择

在选择光电探测器时，同样需要考虑两个前提条件：第一，具有较高的探测灵敏度，确保光信号在经过水下长距离传输衰减后仍能被有效探测；第二，针对所选光源的波长具有较好的响应特性。

对于第一个条件，光信号能量经水下信道传输后呈指数衰减，尤其是经过长距离传输后光信号极其微弱，因此需要灵敏度达到 1nW 的探测器来实现微弱信号的有效探测。第 6 章介绍了水下无线光通信研究中常用的光电探测器，包括 PIN 型光电二极管、APD 和 PMT。通过比较可以看出，相比于 PIN 型光电二极管和 APD，PMT

具有最高的探测灵敏度，其响应带宽可达到 GHz 级，可以提供 10^6～10^7 的增益系数，能实现微弱信号的有效探测，更适合作为水下长距离无线光通信系统的探测器，所以在全双工以太网 UWOC 系统设计中采用 PMT 作为探测器[11]。

对于第二个条件，不同型号的 PMT 可直接响应的波长范围是有限的，为了充分提高探测效率，需要针对已选择的发射光源波长选择合适的 PMT 型号。PMT 应在所选 LD 波长范围内具有较好的光谱响应特性，即对应波长的辐射灵敏度应较高。其中，辐射灵敏度指的是当有光入射时 PMT 光电阴极的发射电流与某一波长的入射光的辐射功率（W）之比，单位为 A/W。所以，辐射灵敏度越高，对应波长的探测灵敏度越高。基于上述要求，我们选择了某型号 PMT 探测器，并分别根据发射光波长和接收光波长选择不同峰值波长的细分型号，考虑工作谱段主要为蓝绿光波段，选择蓝绿光增强型细分型号。某型号 PMT 详细参数如表 7-3 所示[12]，比较吻合需求。

表 7-3　某型号 PMT 详细参数

<table>
<tr><th colspan="3">参数</th><th colspan="8">H13543 系列</th><th>单位</th></tr>
<tr><td colspan="3">后缀</td><td>none</td><td>−01</td><td>−03</td><td>−04</td><td>−20</td><td>−100</td><td>−200</td><td>−300</td><td>—</td></tr>
<tr><td colspan="3">输入电压</td><td colspan="8">+4.5～+5.5</td><td>V</td></tr>
<tr><td colspan="3">最大输入电压</td><td colspan="8">+6.0</td><td>V</td></tr>
<tr><td colspan="3">最大输入电流</td><td colspan="8">5</td><td>mA</td></tr>
<tr><td colspan="3">最大平均输出信号电流</td><td colspan="8">100</td><td>μA</td></tr>
<tr><td colspan="3">最大控制电压</td><td colspan="8">+0.9（输入阻抗 1MΩ）</td><td>V</td></tr>
<tr><td colspan="3">推荐控制电压调节范围</td><td colspan="8">+0.4～+0.8（输入阻抗 1MΩ）</td><td>V</td></tr>
<tr><td colspan="3">有效感光区域（x×y）</td><td colspan="8">18×18</td><td>mm</td></tr>
<tr><td colspan="3">峰值响应波长</td><td>420</td><td>400</td><td>420</td><td>420</td><td>530</td><td>400</td><td>400</td><td>420</td><td>nm</td></tr>
<tr><td rowspan="2">阴极</td><td rowspan="2">照度灵敏度</td><td>最小值</td><td>60</td><td>150</td><td>60</td><td>150</td><td>350</td><td>90</td><td>110</td><td>120</td><td rowspan="2">μA/lm</td></tr>
<tr><td>典型值</td><td>80</td><td>200</td><td>80</td><td>200</td><td>500</td><td>105</td><td>135</td><td>160</td></tr>
</table>

续表

参数			H13543 系列								单位
阴极	蓝光灵敏系数	典型值	9.5	—	9.5	—	—	13.5	15.5	14	—
	红/白比	典型值	—	0.2	—	0.25	0.4	—	—	—	—
	辐射灵敏度	典型值	80	65	80	67	78	110	130	125	mA/W
阳极	照度灵敏度	最小值	40	50	40	50	100	50	50	80	A/Im
		典型值	160	400	160	200	1000	105	135	320	
	辐射灵敏度	典型值	1.6×10^{5}	1.3×10^{5}	1.6×10^{5}	6.7×10^{4}	1.6×10^{5}	1.1×10^{5}	1.3×10^{5}	2.5×10^{5}	A/W
	暗电流	典型值	2	10	2	10	20	2	2	2	nA
		最大值	20	50	20	50	50	20	20	20	
上升时间			1.6								ns
纹波噪声		最大值	0.5								mV
设置时间		最大值	10								s
工作温度			+5～+50								℃
存储温度			−20～+50								℃
质量			110								g

蓝绿光波长增强型 PMT 脉冲响应波形如图 7-6 所示，可以看出，脉冲波形半高全宽约为 5ns，完全可以满足 10MHz 带宽的响应。

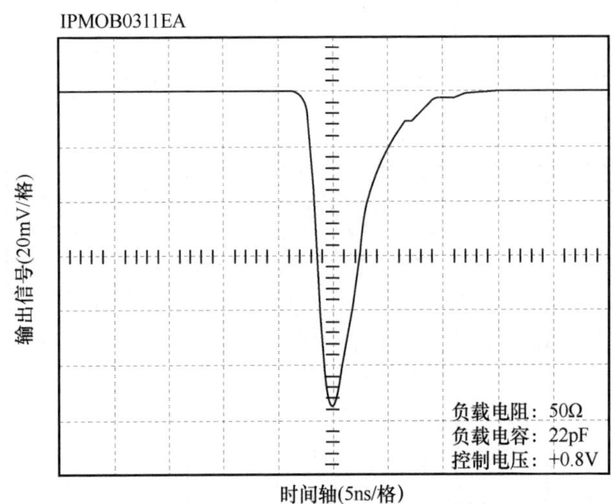

图 7-6 蓝绿光波长增强型 PMT 脉冲响应波形

7.5 调制方式选择

应用于水下无线光通信中的调制方式多种多样，但在实际应用时需选择合适的调制方式。调制方式的选择需要考虑信道的影响，在进行全双工以太网 UWOC 系统设计时，所选调制方式需要满足 3 个条件：第一，调制信号应具有较高的峰值功率，以确保光信号经过水下长距离（系统指标为 100m）传输衰减后的功率仍能满足 PMT 的探测灵敏度；第二，具有较强的鲁棒性，因为以太网通信中涉及的 TCP 等协议在进行数据传输前需要进行三次握手，如果没有可靠稳定的通信将无法有效实现 TCP 连接，进而导致数据链路完全断开；第三，能够有效应对多径时延扩展问题，信号时延扩展会带来码间干扰问题，严重影响通信性能[13]。下面对水下光信号脉冲展宽的原因进行简要介绍。

在第 3 章基于 MC 方法仿真的水下信道建模研究中可以看到光子散射会使光束扩散，形成较大且弥散的光斑[14]。此外，光子的多径散射还会导致脉冲展宽[13]，如图 7-7 所示。

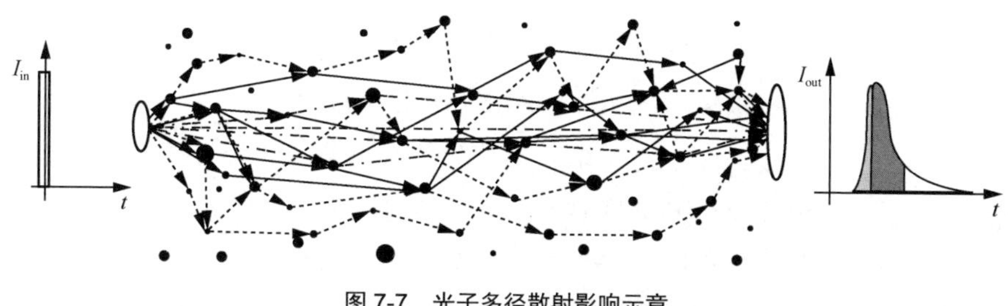

图 7-7　光子多径散射影响示意

使用 MC 方法仿真清澈海水（$c = 0.151\text{m}^{-1}$）下不同传输距离的脉冲展宽，如图 7-8 所示。可以看出，传输距离越长，脉冲展宽越严重，在图 7-8（b）中脉宽展宽甚至超过 100ns。

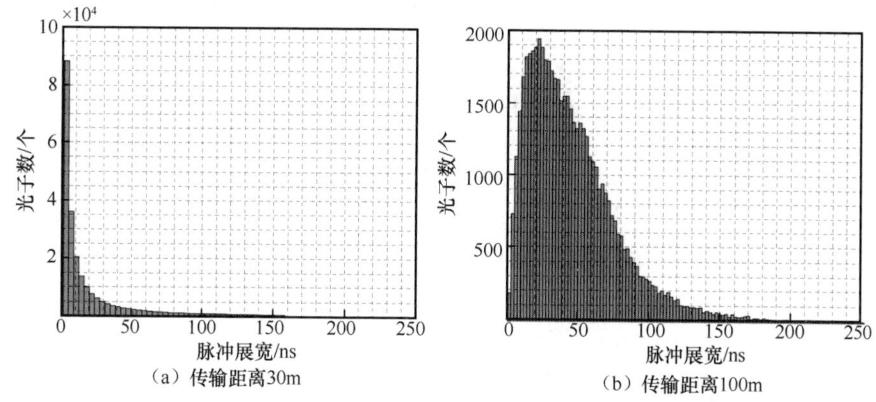

图 7-8　使用 MC 方法仿真清澈海水（c=0.151m^{-1}）下不同传输距离的脉冲展宽

可见光子多径散射带来的脉冲展宽是不可忽视的因素，通过对发射光场的控制，可以在一定程度上加以改善[15]，通过在接收端设计多孔径阵列接收也可以改善接收信号质量[16]，但引入脉冲畸变是无法避免的，需要设计适配的调制方式。基于上述 3 个条件，最终选择 PPM 作为信号调制方式。原因是 PPM 具有较高的峰值功率，即单脉冲能量较高，容易实现远距离传输，并且 PPM 较为简单，容易实现较好的误码率性能，保证以太网通信链路的顺利建立。此外，PPM 脉冲之间存在空余时隙，相当于提供了保护间隔，可有效应对脉冲展宽问题，码间干扰影响较小，特别适合与 PMT 配合使用[17]。第 4 章介绍了 UWOC 系统编码的选择，由于本章针对的 UWOC 系统速率较高，根据分包大小，可以采用 RS 码或 LDPC 码，以进一步改善误码率性能，降低对信噪比的要求[18]。

第 4 章针对 OOK 调制、*M*-PPM、*M*-DPPM 和 *M*-DPIM 这 4 种数字脉冲调制方式从传输容量、平均功率和带宽 3 方面进行了对比。OOK 调制虽然有最大的传输容量和最小的带宽，但是其平均功率最大，并且 OOK 调制对脉冲展宽较为敏感。而 *M*-PPM 与 OOK 调制完全相反，峰值功率最大，同时对脉冲展宽不敏感。*M*-DPPM 和 *M*-DPIM 的性能介于 OOK 调制和 *M*-PPM 之间。*M*-PPM、*M*-DPPM 和 *M*-DPIM 这 3 种调制方式的性能与每组比特数相关[4]。综合考虑传输容量、平均功率和带宽，我们选择了 16-PPM，其调制原理如图 7-9 所示，其中单个时隙脉宽为 25ns，一帧 16 个时隙，脉宽为 400ns，传递 4bit 信息，则总信息速率为 2.5Mbit/s × 4=10Mbit/s。

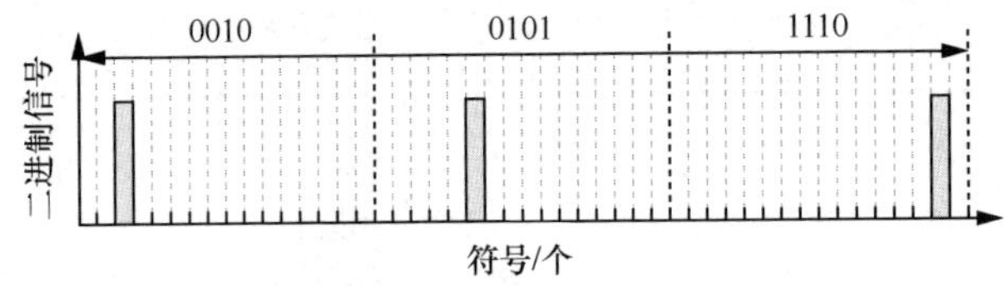

图 7-9　16-PPM 的调制原理

本系统具有通信速率扩展能力，通过选择不同的时隙宽度，以及采用不同的调制阶数，可以对通信速率进行调节。通信速率设置如表 7-4 所示。

表 7-4　通信速率设置

PPM 调制阶数	通信速率/(Mbit·s^{-1})			
	10ns 脉宽	15ns 脉宽	20ns 脉宽	25ns 脉宽
4-PPM	50	33.3	25	20
16-PPM	25	16.67	12.5	10
256-PPM	3.125	2.08	1.56	1.25

7.6　系统研制与集成

基于前述发射和接收基本参数，采用收发一体紧凑型结构设计，结合不同的水下工作深度等应用场景，笔者所在研究团队先后研制了适合百米水深到 2000m 深海的水下长距离高速无线光通信系统系列工程样机（如图 7-10 所示），典型性能如表 7-5 所示。

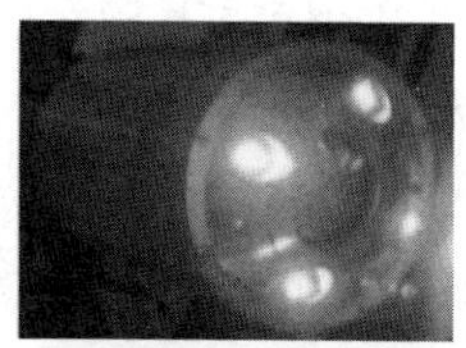
（a）SIOM-020-0100

（b）SIOM-025-0200

（c）SIOM-025-1000

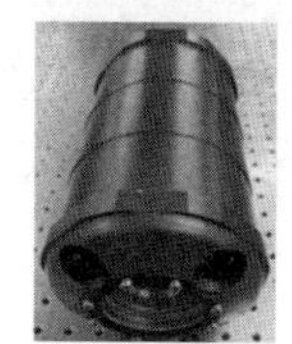
（d）SIOM-010-2000

图 7-10　研制的水下长距离高速无线光通信系统系列工程样机

表 7-5　典型性能

对比项	SIOM-020-0100	SIOM-025-0200	SIOM-025-1000	SIOM-010-2000
外形尺寸	Φ200mm×350mm	Φ200mm×300mm	Φ160mm×250mm	Φ145mm×245mm
水下深度	100m	200m	1000m	2000m
通信速率	20Mbit/s	25Mbit/s	25Mbit/s	10Mbit/s
传输距离	150m（I类水质）	150m（I类水质）	150m（I类水质）	200m（I类水质）
功耗	≤40W	≤35W	≤30W	≤25W
质量	12kg	10kg	9kg	7kg

水下光通信终端主要由发射与接收模块组成[19]。发射模块主要包括光源、发射光路的设计及调制方式，其中光源和调制方式是发射模块中最核心的部分。接收模块主要包括探测器、接收光路设计及信号处理，其中探测器与信号处理是最核心的部分。其中一路光源发射单元采用波长为 520nm 的 LD 光源，另一路采用波长为 445nm 的 LD 光源，可以有效避免相互干扰。发射与接收模块如图 7-11 所示，主要分为 5 个模块：激光光源、光源电流驱动板、信号采集与主控板、小信号放大电路板、光电探测器。激光光源主要是在电流的驱动下产生蓝光、绿光。光源电流驱动

板给光源提供稳定的脉冲电流。信号采集与主控板主要负责解析网口数据，经编码调制组帧后发送给光源电流驱动板，同时读取 PMT 接收的信号采集数据并进行信号调制、解调译码，再组帧后通过网口发送给上位机。小信号放大电路板用于放大 PMT 接收的信号。光电探测器实现光电转换。

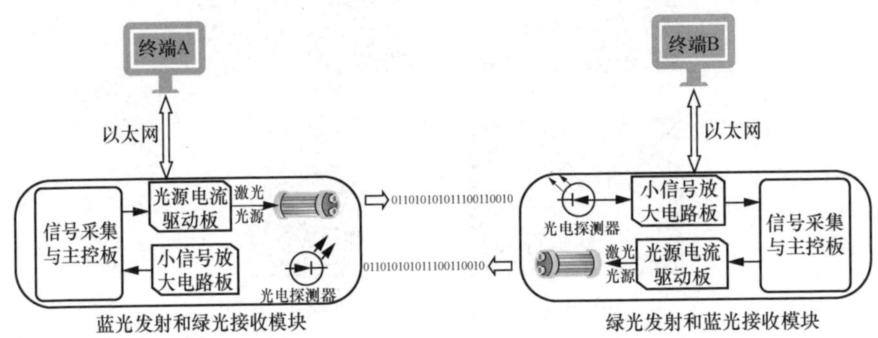

（a）发射和接收模块内部结构示意

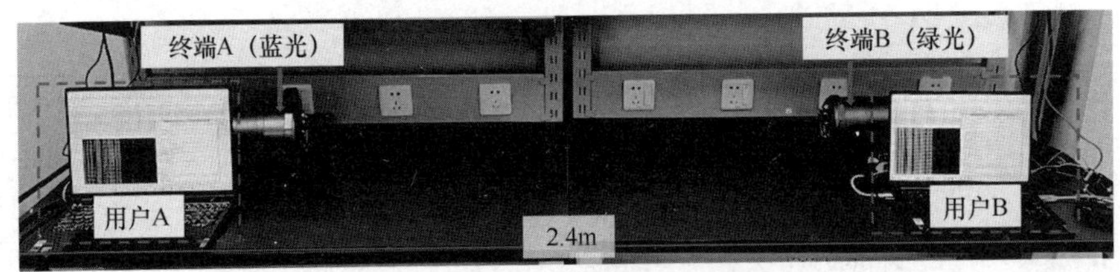

（b）桌面试验系统

图 7-11　发射与接收模块

用户 A 发送以太网数据至用户 B 的过程为：用户 A 发送以太网数据至终端 A，终端 A 内部的 DSP 模块完成数字信号处理，将以太网数据调制为 16-PPM 信号，调制后的信号波形如图 7-12 所示，完成信号调制后进一步将电信号加载到终端 A 的蓝光 LD 上完成电光转换；终端 B 内部的 PMT 探测接收终端 A 发送过来的蓝光信号进而转为电信号，接着电信号被 AD 转换模块采样并输出到终端 B 内部的 DSP 模块，DSP 模块完成 16-PPM 信号同步和解调等处理后恢复出原始的以太网数据，最后通过终端 B 的以太网模块将数据发送至用户 B。用户 B 发送以太网数据至用户 A 的过程与上述类似，区别仅在于终端 B 将信息加载到绿光 LD 上。

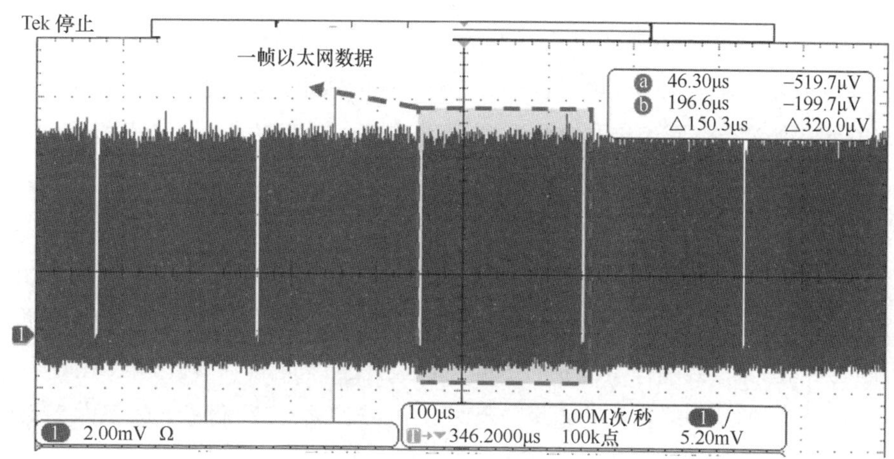

图 7-12　16-PPM 信号波形

7.7　室内外实验

首先，在水池中开展了静态实验，如图 7-13 所示，借助江苏科技大学船舶学院的百米水池进行了水下光通信实验，水体衰减系数实测约为 0.291m^{-1}，静态实验获得了最远 55m 的水下传输距离。在 35m 内通信稳定，可通信角度达到 ±20°，满足设计要求。

图 7-13　水池静态实验

其次，全双工以太网 UWOC 系统在室内测试时具有较好的通信性能，为进一步测试该系统在实际水下环境中长距离传输的通信性能，我们选取丹江口水库作为实验环境，将通信终端固定在船舷的首尾两端，距离水面约 0.5m，水质较浑浊，经第三方测试该水质下的衰减系数 $c = 0.713\text{m}^{-1}$，与海水存在较大差异，这制约了 UWOC 系统的性能。具体实验系统安装位置如图 7-14（a）所示，仍然属于静态测试，网络摄像机连接至终端 A，一台笔记本计算机连接至终端 B，然后笔记本计算机通过全双工以太网 UWOC 系统与网络摄像机进行通信，以实时观看网络摄像机所采集到的画面，如图 7-14（b）所示。实验过程中笔记本计算机能实时显示网络摄像机所捕捉的 1080P 格式（画面分辨率为 1920 像素×1080 像素，帧率为 25fps）的视频画面，终端 A 与终端 B 最远间隔为 17m。

（a）丹江口水库全双工以太网UWOC系统安装装置

（b）网络摄像机透明传输测试

图 7-14　丹江口水库实验

接着，为进一步测试其动态性能，我们在千岛湖试验场开展了自主数据交互实验，如图 7-15 所示，水下无线光通信系统一端安装在 AUV 上，另一端安装在固定端，AUV 在移动靠近固定端时，通过自主信息交互，建立通信链路，将信息传递给固定端，实现数据的中继转发和辅助导引。在实测衰减系数 $c = 0.673\text{m}^{-1}$ 的水质下，有效交互距离达到 16m。

图 7-15　千岛湖自主数据交互实验

上述丹江口水库和千岛湖测试中，全双工以太网 UWOC 系统在衰减系数 $c = 0.713\text{m}^{-1}$ 的水质下能实现 17m（约 12.1 倍衰减长度）的静态有效通信，在衰减系数 $c = 0.673\text{m}^{-1}$ 的水质下能实现 16m（约 10.7 倍衰减长度）的动态有效通信，两者基本吻合，基于衰减长度进行等效换算，则该系统在衰减系数 $c = 0.1\text{m}^{-1}$ 水质下的有效通信距离保守估计可达到 107m，超过 100m，满足系统设计要求。

2023 年以来，笔者所在研究团队先后开展了多次海上实验，借助水下 ROV 或 AUV 作为载体，如图 7-16 所示，深海动态实验情况下的通信距离超过 110m，为水下科学考察提供了一种新的通信手段。

图 7-16　深海动态实验

参考文献

[1] 迟楠, 陈慧. 高速可见光通信的前沿研究进展[J]. 光电工程, 2020, 47(3): 1-12.

[2] 刘润芃, 佟首峰, 张鹏, 等. 水下光通信技术研究[J]. 光通信研究, 2023(4): 11-13, 78.

[3] 周田华, 陆婷婷, 朱小磊. 水下长距离高速光通信系统设计[EB]. 2018.

[4] 王杰. 水下长距离、高速光通信关键技术研究[D]. 上海: 复旦大学, 2023.

[5] 王杰, 范婷威, 申玲菲, 等. 全双工水下无线光通信系统自干扰问题研究[J]. 光通信研究, 2023(4): 28-33.

[6] 胡秀寒, 胡思奇, 周田华, 等. 水下激光通信系统最大通信距离的快速估计[J]. 中国激光, 2015, 42(8): 183-191.

[7] 胡思奇. 高码率高灵敏度蓝绿激光通信技术研究[D]. 北京: 中国科学院大学, 2018.

[8] 魏巍, 张晓晖, 饶炯辉, 等. 水下无线光通信接收光功率的计算研究[J]. 中国激光, 2011, 38(9): 97-102.

[9] 方如章, 刘玉凤. 光电器件[M]. 北京: 国防工业出版社, 1988.

[10] 日亚化学工业株式会社. 激光二极管(LD)[EB]. 2024.

[11] 宋登元, 王小平. APD、PMT 及其混合型高灵敏度光电探测器[J]. 半导体技术, 2000, 25(3): 5-8, 12.

[12] 滨松光子学株式会社. 光电倍增管组件 [EB]. 2024.

[13] 李仪伟, 毕卫红, 任炎辉. 水下激光通信中脉冲时域展宽的模拟计算方法[J]. 光学技术, 2012, 38(5): 569-572.

[14] 魏安海, 赵卫, 韩彪, 等. 基于 Fournier-Forand 和 Henyey-Green stein 体积散射函数的水中光脉冲传输仿真分析[J]. 光学学报, 2013, 33(6): 24-29.

[15] 周田华, 范婷威, 马剑, 等. 光束发射参数对蓝绿激光海洋传输特性的影响[J]. 大气与环境光学学报, 2020, 15(1): 40-47.

[16] 胡思奇, 周田华, 陈卫标. 水下激光通信最大比合并分集接收性能分析及仿真[J]. 中国激光, 2016, 43(12): 207-214.

[17] 米乐, 胡思奇, 周田华, 等. 基于低密度奇偶校验码和脉冲位置调制的水下长距离光通信系统设计[J]. 中国激光, 2018, 45(10): 225-231.

[18] 杜劲松, 周田华, 陈卫标, 等. 基于 LDPC 和 PPM 的水下光通信性能分析[J]. 激光与光电子学进展, 2016, 53(12): 100-106.

[19] 胡秀寒, 周田华, 贺岩, 等. 基于数字信号处理机的水下光通信收发系统设计及分析[J]. 中国激光, 2013, 40(3): 128-134.

第 8 章 水下无线光通信应用与展望

近年来，随着全球气候的持续变化和陆地资源的损耗，加上地球表面 71%的面积被海水覆盖，人们开始将注意力转向对海洋观测、开发和利用的探索研究上来。在传统的陆空通信网络日趋完善的今天，水下通信的应用正在逐渐增多，随着海洋测绘学和海底观测技术的不断发展，水下通信的需求越来越大，特别是对于水下无线通信的误码率性能、通信距离、通信速率等要求越来越高。蓝绿光波段处于海水的低损耗窗口，激光海洋传输特性与水质密切相关，深海大洋水质洁净，达到了 Jerlov I 类光学水体标准，蓝绿光百米传输距离的衰减不超过 20dB，蓝绿光特别适合较长距离传输与应用，深海大洋环境下蓝绿光大有用武之地[1]。基于国内外在蓝绿光海洋光学传输特性的技术积累，以及在蓝绿光海洋雷达和通信方面的技术突破，本章主要对蓝绿光通信技术发展和重要应用两个方面进行展望。对于技术发展，将按照大容量、长距离和通信测距照明多功能一体化 3 个方向进行阐述；对于重要应用，将主要针对深海综合应用、空间跨介质应用，以及空天地海立体通信网络体系构建 3 方面进行展望。

8.1 水下大容量无线光通信

水下无线光通信由于采用蓝绿光作为载波，载波频率高达数百太赫，相比微波通信 300MHz～3000GHz 的频率范围，高出至少 2 个数量级，如果对其进行基带调制，天然具有大容量的优势。发展水下大容量无线光通信成为无线光通信在水下近距离应用的一个重要发展方向，特别适合与有线光通信融合，实现大容量数据传输的无缝衔接。

水下大容量无线光通信对于时延极为敏感，对信噪比和信号稳定性有着非常高的要求，否则将出现大量的误码，导致误码率无法满足通信的基本要求。为实现高速大容量通信，需要在信道模型、光源、探测器和数字信号处理等方面开展深入研究和进行针对性设计，同时结合复用方式进一步提升系统容量，增加系统冗余度，提升可靠性。其中，信号处理技术可分为调制技术与均衡技术两类，调制技术通过对传输信号进行调制以实现更高的频谱利用率，在相同带宽下，达到更高的传输速率；均衡技术则是对系统硬件引起的线性和非线性损耗进行补偿，通过解决码间串扰问题来实现信号带宽的提升[2]。

为实现大容量通信，调制方式主要采用 OFDM、QAM 等高阶先进调制方式，具有高功率效率和带宽效率，可以提高系统数据传输速率、链路距离和稳定性。此外，离散多音频调制（DMT）等多载波调制方式可以有效降低码间干扰和信道衰落，结合复用，可以进一步充分挖掘带宽潜能。但 DMT 和 OFDM 调制的主要缺点是峰值平均功率比（PAPR）较高，可能会导致信号的非线性失真。与 OFDM 相比，无载波幅度和相位（CAP）调制的 PAPR 较低，但 CAP 调制要求收发器具有 IQ 分离和整形滤波的功能，因此实现较复杂。采用 CAP 调制和 OFDM 调制时，由于光源和前端电路线性范围和功率受限，可能导致信号畸变，故还需要克服电路的非线性影响或者采取相应方法降低 PAPR，如压扩法、交织法和选择性映射法等。未来的研究可集中于利用信道均衡技术提高该类通信系统的传输性能[2-3]。

在数字信号处理方面，利用神经网络来优化调制信号的检测、编码和解调过程，有望进一步增强 UWOC 系统的性能稳定性。复旦大学科研团队融合人工智能（AI）设计适配的先进高阶调制方式，大幅改进了收发两端的高速数据信号处理能力，为水下大容量光通信提供了理论支撑[4]。结合 AI 开展大容量光通信系统设计将会成为水下光通信的发展趋势。对于大容量通信，通常传输距离很短，此时容易受到水中气泡、悬浮颗粒、湍流等影响，稳健的数字信号处理技术显得尤其重要。要构建先进的信道模拟和仿真模型，可基于 AI 和机器学习开展信道的反演和重构，实现信道补偿，从而实现高速率大容量通信。王新歌[5]和叶鹏飞[6]等分别提出基于神经元学习的自适应水下环境的直流偏置（DCO）-OFDM 通信系统，在多变的海洋环境中可以快速地自适应水下信道。对于端到端方案，林浦曦[7]设计了基于自编码器的端到端的水下 DCO-OFDM 通信系统，该方案使系统摆脱了信道估计中对导频信号的依赖。

复用技术的利用是提高 UWOC 系统容量的发展趋势。在过去 20 年里，通过利用光波的波长、幅度、相位、时间、偏振等传统维度，水下无线光通信技术在提高通信容量方面取得了重要进展，但这些传统维度在实用化方面都还存在各自的问题，进一步增加通信容量将面临严峻挑战。新型调制方式的研究和多路复用技术的应用已成为提高 UWOC 系统信道容量的发展趋势。探索光波的空间新维度为进一步增加通信容量提供了一种重要的解决途径，采用轨道角动量（OAM）等新的维度可以有效提升传输带宽。通过调控光波空间维度和剪裁光波空间结构可以得到结构光，其中包括具有螺旋相位波前、携带 OAM 的涡旋光及拓展的具有空间变化幅度、相位、偏振分布的广义结构光。相比光波传统维度，OAM 模式开发了空间新维度[8]。一方面，OAM 模式具有多值性和正交性特点，即 OAM 可以有很多取值且两两相互正交，可以像其他维度一样用于信息编码和作为载波进行信息复用；另一方面，OAM 模式空间维度与光波传统维度相互兼容，即基于 OAM 模式的光通信技术可以与传统光通信技术有机融合。因此，基于 OAM 模式的水下无线光通信技术可以在现有水下无线光通信技术的基础上进一步提升通信容量。总体来说，OAM 作为一种新兴的调制技术，利用 OAM 光束具有螺旋或扭曲结构、具有多个正交态的特性，通过空间上的多路复用，可有效提升 UWOC 系统的通信容量。但与此同时，我们也要清楚 OAM 波束本身在复杂的水下环境中容易受到影响，对于浑浊水体，以及随着传输距离的增加，其综合通信性能都会明显下降，可用性有待进一步提升。

针对大容量通信，大带宽激光器是首选，它的光谱很窄，目前面临的最大问题是平均光功率一般较低，制约了实际应用时的距离，可以通过阵列的方式进行增强；

其次是 LD，调制带宽略低，采用注入光锁定和光反馈技术有利于提高基于 LD 的 UWOC 系统的调制带宽；LED 调制带宽最低，光谱较宽，采用均衡技术通过补偿信道的传输特性，能够有效提高基于 LED 的 UWOC 系统容量，采用氮化铟镓等新型材料、将单个大型 LED 改造为多像素 LED 阵列等设计可进一步提高通信系统带宽和通信速率[9-10]。南京邮电大学的梁静远等[11]提出了亚波长结构的 LED 器件，提升了器件的出光效率、调制速率，是 LED 光源的突破性进展。未来的 LED 光源在亚波长垂直结构 LED 的基础上提升器件发光性能，将是光源领域的重点研究方向。垂直腔面发射激光器（VCSEL）、超辐射发光二极管（SLED）和 Micro-LED 由于其高调制带宽等优良特性也被应用于 UWOC 系统中。micro-LED 相比 LED 具有更高的调制带宽，SLED 结合了 LED 和 LD 的优点，具有高功率、快速响应和宽频谱的特点，都是 UWOC 发展中不错的选择。

大容量光通信对探测器提出了大带宽响应特性要求。现有光电探测器中，APD 和 PIN 型光电二极管相对于 PMT 更适用于高速、强光信号的 UWOC 系统[11]。与此同时，编码对于提升大容量通信质量具有重要作用，水下大容量无线光通信系统中使用前向纠错（FEC）编码技术可以大幅降低误码率。结合大容量的特点，采用更复杂的信道编码方案是发展趋势，如 LDPC 码和 Turbo 码。LDPC 码是一种高效的线性分组码，Turbo 码是一种并行级联码，它们都可以提供接近香农极限的纠错性能，适合水下高速大容量无线光通信[12]。

8.2 水下长距离无线光通信

蓝绿光波段处于海水的低损耗窗口，是最有希望实现长距离无线光通信的波段。深海大洋水体多为 Jerlov I、Jerlov IA 类水质，Jerlov I 和 Jerlov IA 类海水光学衰减特性如表 8-1 所示，其中 K_d^0 表示 0 阶 K_d ，K_d^H 表示高阶 K_d 。不同水体存在着最佳的适配波长，如果能寻找到最接近的波长作为光源，则有望获得极限传输距离[13]。如针对 Jerlov I 类水体，最佳波长在 475nm 附近，K_d 约为 $0.021m^{-1}$。与此同时，同样的波长在不同的水体呈现出较大的吸收系数、散射系数和衰减系数的差异，如 475nm 波长在 Jerlov IA 类水体的 K_d 约为 $0.0253m^{-1}$，在 JerlovII类水体的 K_d 约为

0.0579m^{-1}，因此在选择光源时还需兼顾使用环境的最佳匹配波长。

表 8-1　Jerlov I 和 Jerlov IA 类海水光学衰减特性

波长/nm	Jerlov I					Jerlov IA				
	K_d^0/m^{-1}	K_d/m^{-1}	K_d^H/m^{-1}	a/m^{-1}	b/m^{-1}	K_d^0/m^{-1}	K_d/m^{-1}	K_d^H/m^{-1}	a/m^{-1}	b/m^{-1}
300	0.173	0.186	0.200	0.163	2.08×10^{-2}	0.223	0.241	0.266	0.221	2.55×10^{-2}
310	0.151	0.154	0.167	0.134	1.81×10^{-2}	0.186	0.199	0.218	0.181	2.26×10^{-2}
350	0.0619	0.059	0.063	0.048	1.08×10^{-2}	0.078	0.0776	0.085	0.0673	1.45×10^{-2}
375	0.0377	0.038	0.040	0.030	8.11×10^{-3}	0.050	0.0490	0.053	0.0413	1.14×10^{-2}
400	0.0284	0.028	0.029	0.022	6.20×10^{-3}	0.0377	0.0356	0.038	0.0295	9.20×10^{-3}
425	0.0222	0.022	0.023	0.017	4.82×10^{-3}	0.0294	0.0274	0.029	0.0225	7.55×10^{-3}
450	0.0192	0.022	0.023	0.018	3.81×10^{-3}	0.0263	0.0264	0.027	0.0221	6.31×10^{-3}
475	0.0182	0.021	0.023	0.019	3.06×10^{-3}	0.0253	0.0253	0.026	0.0216	5.36×10^{-3}
500	0.0284	0.029	0.030	0.026	2.49×10^{-3}	0.0346	0.0316	0.033	0.0282	4.61×10^{-3}
525	0.0398	0.049	0.051	0.046	2.05×10^{-3}	0.0460	0.0503	0.052	0.0468	4.02×10^{-3}
550	0.0598	0.065	0.068	0.062	1.70×10^{-3}	0.0661	0.0658	0.068	0.0622	3.54×10^{-3}
575	0.0834	0.085	0.089	0.082	1.43×10^{-3}	0.0943	0.0858	0.089	0.0821	3.15×10^{-3}
600	0.163	0.233	0.242	0.228	1.22×10^{-3}	0.174	0.234	0.242	0.228	2.83×10^{-3}
625	0.301	0.302	0.312	0.295	1.04×10^{-3}	0.308	0.303	0.312	0.295	2.56×10^{-3}
650	0.357	0.341	0.359	0.334	8.99×10^{-4}	0.364	0.342	0.359	0.334	2.34×10^{-3}
675	0.416	0.444	0.471	0.434	7.82×10^{-4}	0.423	0.445	0.471	0.435	2.14×10^{-3}
700	0.528	0.595	0.653	0.582	6.85×10^{-4}	0.536	0.595	0.653	0.582	1.98×10^{-3}

理论上按照最佳波长和单光子探测接收来计算，水下长距离蓝绿光通信的传输距离有望在深海大洋 Jerlov I 类水体中达到 1000m，对于推动水下应用具有重要的意义。为实现水下极限传输距离，需要构建先进的信道模拟和仿真模型，基于 AI 和机器学习开展信道的反演和重构，通过光场调控降低水下长距离传输时的衰减，借助信道补偿，实现水下长距离无线光通信。提升收发系统中硬件的性能与改进数字信号处理技术都可以有效提高传输速率与增加传输距离，将二者结合是未来水下长距离高速无线光通信系统的发展趋势[14]。

为实现长距离通信，调制方式主要采用 PPM，结合脉冲激光器，充分利用激光脉冲的高峰值功率特性，实现远距离传输。PPM 具有结构简单、便于实现的优点，但频谱效率较低。未来有望结合强度调制和相干调制提出新的调制方式，如极化–脉冲位置调制（P-PPM）和极化–差分脉冲位置调制（P-DPPM），进一步提高水下无线光通信系统的传输带宽和距离[3,15]。

针对水下长距离无线光通信，大能量全固体脉冲激光器是最佳的光源选择，其峰值功率可达兆瓦级。可以与 PPM 相结合，充分发挥每个光脉冲高峰值功率的优势，提升接收机的信噪比，确保可靠通信[16]。采用固体脉冲激光器技术，在获得高峰值功率的同时，重复频率一般较低，也限制了水下长距离无线光通信时的通信速率，一般为 kbit/s 量级。通过采用光纤激光器技术路线，在保障通信距离的同时，有望进一步提升通信速率。

水下长距离无线光通信接收机需要高响应速度、高灵敏度、低噪声和大视场角的光电探测器。接收机按照单光子进行甄别，有望实现极限距离。相比 APD 和 PIN 型光电二极管，PMT 和新型多像素光子计数器（MPPC）更适用于低发射功率、长通信距离的深海无线光通信系统。接收光信号强度很弱时，接收机对弱光信号的检测需要考虑光的粒子特性，此时常用泊松信道假设取代高斯信道假设，且不可忽略接收机采用弱光信号探测器（如 PMT 或光子计数器）引入的热噪声[3]。因此，对水下弱光信号的检测需同时考虑弱光信号的泊松特性和热噪声影响。

为了减轻水下光衰减的影响，并在低信噪比水下环境中实现低误码率，需要在水下长距离无线光通信系统中采用 FEC 编码。FEC 编码具有实现简单、鲁棒性高等优点，结合长距离通信速率较低、数据量较小的特点，RS 码是一种合适的前向纠错的信道编码，可纠正长距离传输路径信道不稳定导致的随机错误和突发错误[17]。

把多进多出（multiple-in multiple out，MIMO）技术应用到水下长距离无线光通信系统是重要的研究趋势。MIMO 复用技术可有效提高系统的通信容量，MIMO 分集技术可有效降低水下信道衰落的影响，此外还能增大接收端的探测区域，从而降低收发两端的对准要求[18]。为了降低长距离传输时海洋湍流对 UWOC 系统的影响，可以采用 MIMO 的空间分集技术对抗湍流引起的信道衰弱。单进单出（SISO）系统的大孔径接收将会加剧码间串扰，MIMO 结构能降低衰弱影响，且具有更高的能量效率、信道容量和稳定性，结合空间分集技术的最优合并方式可以充分挖掘水下无线光通信系统性能。特别是将单光子探测器与 MIMO 技术结合将会是水下长距离无线光通信的发展方向，即把 PMT/SPAD/MPPC 等单光子探测器阵列应用到水下无线光通信系统中，单光子探测器阵列可同时对多路子信道探测经远距离传输后的单光子脉冲序列，最后经信号合并、光子计数、符合判决等信号处理后恢复原始电信号。在不同湍流强度下，对不同 MIMO 模式进行对比分析可知，MIMO 结构比 SISO 结构具有更强的抑制信道衰落能力。MIMO 水下光子计数接收系统具有高灵敏度、高能量利用率、低噪声、抗信道衰落及降低收发两端对准要求等多个优势，为实现水下长距离无线光通信提供了潜在的解决方案。设计针对 PMT、MPPC 器件的模拟探测与光子计数两种工作模式的自适应硬件电路，使其可同时对多种光信号模式进行探测，包括对不同畸变波形的自适应处理，将是水下长距离无线光通信的发展趋势[19]。

在发射端对光束进行光场调控或波前整形实现远距离聚焦，可以进一步提升预定距离的光场汇聚程度，提升接收面的功率密度，延长水下通信距离。中国科学院上海光机所的周田华等[20]提出利用光束预聚焦改善蓝绿光在海水中传输时空间扩展特性的技术途径，预聚焦 60m 时不同距离的光场分布如图 8-1 所示，通过设计合适的预聚焦角度，可以在一定程度上补偿水体散射引起的光束扩散效应，实现光束在水下传输过程中的汇聚，或者在一定距离范围内实现接收光场的缓慢变化，为调控蓝绿光海洋传输特性、优化水下蓝绿光信息传输系统和探测系统的设计提供了一种新的思路。根据需要的传输距离进行针对性设计，可使光场汇聚或平坦传输，从光场调控的角度为水下激光的应用提供了新的可能。结合工程应用，特别是设计聚焦角度与特征角相当时，可以在预聚焦距离前形成一段相对稳定的平坦传输区，光斑尺寸变化较小，有利于信息的传输和探测应用。

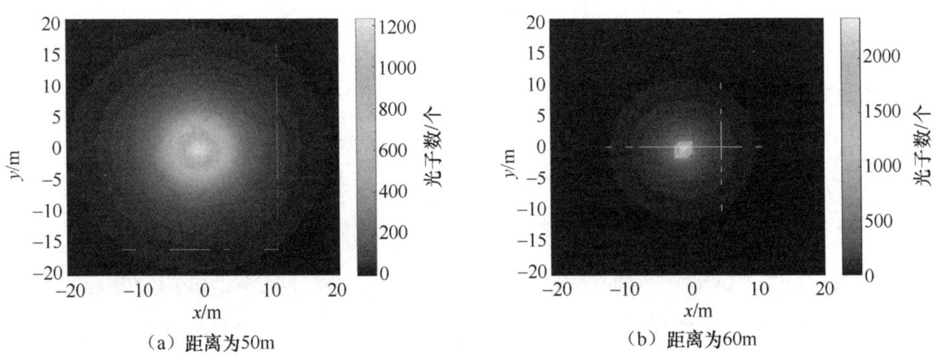

（a）距离为50m　（b）距离为60m

图 8-1 预聚焦 60m 时不同距离的光场分布

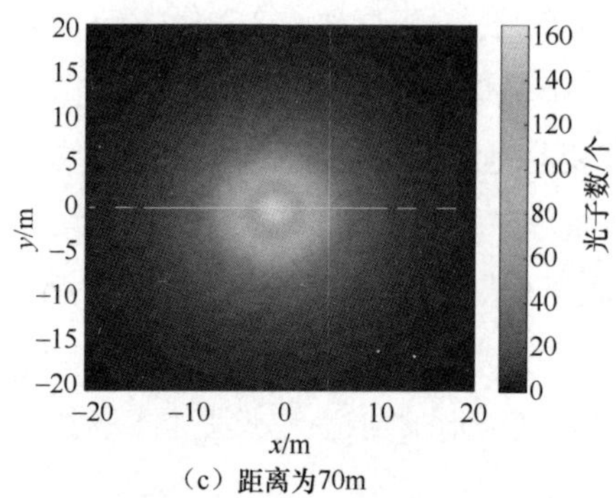

（c）距离为70m

图 8-1　预聚焦 60m 时不同距离的光场分布（续）

此外，上海交通大学的科研团队已经率先在实验室证明了光子偏振量子态和量子纠缠在海水中传输后可以很好地保有量子特性，证实了水下光量子通信的可行性[21]。光量子通信的利用可以进一步提高水下无线光通信的保密性和通信距离，同时水下光量子通信也是建立在水下长距离无线通信技术的基础上的，因此水下长距离无线光通信技术问题得到解决后，实用意义上的水下光量子保密通信也有望成为可能。

8.3　通信测距照明多功能一体化

随着人们对于海底探测需求的提高，水下无线光通信逐渐朝着水下无线传感器网络方向发展，通过多传感器系统的密切协调，形成水下无线传感器网络，可对水下环境进行测量及感知。典型的水下无线传感器网络由多个分布式节点组成，其中海底传感器用于收集数据，并通过水下无线光链路传输到 AUV 和 ROV，AUV 和 ROV 再向船只、水下平台、中继浮标及其他 AUV 和 ROV 传递信号。水下无线传感器网络中单个节点可主动认知并分析水下信道特性以感知水下环境特征，实现通信与感知功能互相增强。此时优化单个节点功率和合理分配通信感知资源成为水下通信感知一体化技术的关键问题[22]。需要进一步探索相应的功率优化算法以提高能量效率，并可通过引入边缘计算等技术来解决节点算力不足的问题。为了应对复杂动态多变的水下无线光通信信道环境，提高通信的有效性和可靠性，需要系统具有自适应水下光通信信道的估计和信号检测的能力。但是，传统的信道估计算法很难抽象出足够有效的信道特征，而新兴的深度学习技术通过大量数据可以学习到更多有效的特征，以高效地解决问题，从而将整个水下无线光通信系统的发射机（信源）、信道和接收机（信宿）作为一个整体，进行端到端的优化。

在通信的过程中，可以利用测距帧进行高频次的交互式测距，由于测距频率较高和水下平台航速一般较慢，可以通过取平均值进一步提高测距精度。理论上通信距离多远就可以测距多远。与此同时，AUV 和 ROV 常规配置有大功率水下白光照明光源，但实际传输最远的还是蓝绿光波段的光，因此可以利用通信光源作为照明光源，这个时候需要解决的问题主要为频闪，也就是在没有信号发送，或者通信信息较少时，常规方案会出现间歇出光，照明效果不佳。因此可以采用训练信号对光路进行维持，在无信号传输时，利用特定频率的时钟信号进行维持，确保照明光场无明显起伏，起到照明、通信、测距一体的作用，节省了照明光源，降低了功耗和质量等。

在上述功能基础上，采用多个光源，进行分布式布置，通过导引指示光源，对端采用单目视觉对指示光源的成像进行测距和测角，结合水下无线光通信时具备相互测距和信息交互功能，可在较远距离提供距离信息，同时可以通过交互传输双方姿态对准情况，进行水下无人平台的辅助对接导引[23]。此外，考虑传统水声通信具有长距离、低速率和高可靠性的特点，为实现可靠且灵活的水下长距离无线光通信，可考虑构建光声混合系统进行优势互补，将水下无线光通信和水声通信融合起来，借助低功率水声通信距离长的特点传输信令信息和反馈通信质量，借助光通信传输高速率数据，实现声光无缝衔接。仿真结果表明，光声融合通信协议能提高系统吞吐量，使节点能耗更低，适用于水下无线通信环境，在水下通信系统中使用光声融合无线传感器网络 MAC 协议，可以实现视频、图像等大数据信息传输[24]。

8.4　深海综合应用

由于水下复杂的时空环境，通信系统的有效信息传输率不高，这与不断增长的水下通信需求形成矛盾。寻找更高速的无线光通信技术，成为水下通信研究领域的核心目标之一。水下缺乏高效快速的非接触式通信手段，已有的声通信方式速率较低，难以满足日益增长的水下大容量数据交互需求；有缆通信方式使目标的活动区域大大受到限制，且安装、使用、维护烦琐，因此不适于水下节点间的动态通信。以蓝绿光作为信息载体的深海无线光通信技术由于具有传输速率高的突出优势，可传输数据、指令、语音、图像等信息，在深海工程领域日益重要。对比国内外研究现状可以看到，目前国外已经有深海无线光通信产品，如 Sonardyne 公司推出的 BlueComm 系列，并且针对不同应用场景开展了海试验证和产品推广应用[25]；国内主要以水下静态定点传输为主，已在 2022 年北京冬奥会火炬水下视频无线传输、奋斗者号万米视频直播等多个项目中进行了攻关，也得到了初步应用，但缺乏针对深海广域传输节点的游动式数据传输的系统性研究[26-27]。国内外目前深海无线光通信速率主要在 10Mbit/s 量级，远未充分发挥光通信的特点，克服环境的影响是将来深海光通信技术的发展方向。水下无线光传输链路还容易受到抖动效应造成的错位影响。抖动是指深度变化、海洋湍流、海面随机运动等原因造成的发射机和接收机之间的随机错位，在复杂的水下环境中难以避免。如果发射机的覆盖范围有限，而接收机的可接收面积较小，则通信链路很容易中断。因此，开发覆盖范围广的收发器，或在实际水下环境中采用非视距链路缓解抖动错位影响是非常重要的[28]。此外，开发智能自适应的 UWOC 收发器也是未来水下通信网络的一个挑战。

发展水下无线光通信技术的最终目标是构建水下互联网络，围绕深海数据传输，结合海水信道特点搭建海下有线/无线全光传输链路，实现 AUV、ROV、水下传感器节点与海底基站之间的自由通信，保障潜水员及 AUV、ROV 等水下运动单元平台间的信息交换和水下移动集群短距离高速通信，具有重要现实意义。因此，设计一个具有高效节能、高稳定性等特点的水下无线光通信系统，成功解决远距离通信、链路对准和覆盖等方面的挑战，显得非常重要。如何在尽可能低的功耗下，高效实现尽可能远的传输距离和尽可能快的通信速率是深海应用的首要问题[29]。目前，主要通过开发高性能发射机设备、融合增加系统带宽的新技术等，提高 UWOC 系统的传输速率和延长水下传输距离。前述更多考虑的是配对用户之间的通信，针对组网应用，还需要满足多用户接入需求。目前水下光通信领域中此类研究较少，国内已有科研院所在充分考虑水下无线光传输特性的情况下，基于现有的无线通信多址接入算法 CSMA/CA，利用无线光的空间增益，提出了 SD-CSMA/CA 水下多用户接入算法[30]。此外，有研究结果表明，在水下无线光通信系统中使用异步多节点数据通信协议可实现较低误码率的通信，为水下通信无线网络融合奠定了基础[11]。

深海应用的水下无线光通信系统不能简单照搬现有大气无线光通信系统，其对光束定位、捕获、跟踪都有严格要求，而海洋湍流及悬浮气泡的存在将导致光束波动及光束失调，难以稳定维持光束跟踪。水下湍流会引起光信号闪烁，导致光束在水体介质中的传输方向发生随机变化，而光束方向出现的微小变化也会在收端产生严重的信号衰减[1,15]。分析并建模水下湍流的统计特征及对光传输的影响，有助于缓解湍流造成的性能恶化。使用更宽的光束可以提高水下光通信链路的性能，如采用较大口径扩束准直及采用多发多收空间分集来获得分集增益。与此同时，常用的光电探测器仅有很小的有效检测区域，需要进行精确对准，否则无法建立无线光通信的链路，这就导致多数无线光通信系统只能在视距范围内进行通信。海水环境的快速变化，以及水下湍流、浑浊度、水下障碍物等因素，使视距 UWOC 系统的链路失调难以避免。采用相关同步及信道估计算法构建非视距 UWOC 系统，是增大发射机覆盖面积、缓解链路失配的有效方式。此外，在全双工 UWOC 系统设计时还必须考虑收发波长间的自干扰问题，通过相应的光学滤波设计和时隙分配可以有效消除双向通信时的串扰，保障水下可靠双工通信[31]。

在提升水下光通信的同时，利用蓝绿光作为载体，构建多功能一体化应用具有很好的应用前景。借鉴深空应用，蓝绿光可以实现照明、成像、通信、探测和测量一体化，同时可以作为能源补充手段实现无线传能。因此，我们借助蓝绿光多功能一体化系统可以在深海环境下实现 AUV、运载器和深海空间站 360°全景成像，周边态势感知和水下无线光通信，水下运载器与深海空间站的交互对接和无线信息传递，让蓝绿光在深海全方位应用[32]。目前尽管已有多家国内外科研院所在开展水下蓝绿光通信和探测的研究，但未见将通信与探测、成像等相结合的公开报道。而为了提高深海装备的综合性能，建议开展小型化、高效率、多功能的蓝绿光通信、探测、成像、导航和能源等多功能一体化终端的研制。通过蓝绿光一体化应用技术可以简化独立功能配置项的数目，节约资源，提升通信效率和探测效能。以蓝绿光作为光源，利用激光指向性好、带宽大、容量大特性，借助小型化全固态高效率蓝绿光激光器技术、高效编码调制技术、高灵敏度大视场探测接收技术及自适应技术，可颠覆已有水下光通信只能短距离高速通信的观念，通过与水声等多种通信手段的融合[24]，可进一步为水下深海导航提供解决方案，为深海科学装备提供一种新的较长作用距离的无线通信、探测、成像和导航手段，提升深海装备的水下作业效率。

8.5 空间跨介质应用

地球表面超过 70%的面积被海洋覆盖。受限于趋肤效应，海水中可用于长距离传输的技术手段有限，主要为长波和水声，特别是缺乏跨介质高速通信手段。蓝绿光波段处于海水的低损耗窗口，可在水下传输数百米距离，利用蓝绿光可实现空中与水下的跨介质通信，特别适合空天平台与水下平台的跨域通信。

2006 年，美国根据发展需求，拟定了“飞机潜艇数据交换和增强计划”（SEADEEP），其目的在于提升飞机和水下平台间的激光通信速率，其技术基于美国国防部高级研究计划局（DAPRA）20 世纪 90 年代的战术机载激光通信（TALC）项目。战术机载激光通信项目中，上行链路采用蓝光激光器和 455.6nm 铯原子共振滤波接收机，下行链路则采用绿光二极管泵浦激光器和搭载在水下平台上的 532nm 接收机。该项目测试并验证了潜航状态下的水下平台与 P-3 海上巡逻机之间通过蓝绿光双向通信的可行性[33]。

2010 年，DARPA 进一步资助战术中继信息网络（TRITON）项目，以研发一种高空机载对潜通信系统。该系统用于美国海军 2012 年 6 月的环太平洋演习，要求使用中高空飞机作为平台，并且必须包括上、下行链路接收机。TRITON 项目用于验证水下平台潜航时与飞机的通信能力及技术成熟度，其技术基于 SEADEEP。QinetiQ 北美子公司获得了这份 TRITON 项目合同，研发了可搭载在高空无人机上的蓝绿光通信系统，初步验证了该系统“以家庭宽带因特网速度进行空–海通信”的能力[34]。目前，DARPA 认为美国机载蓝绿光通信的各种关键技术已经取得突破，具备应用于实际军事系统中的能力。

国内针对跨介质蓝绿光通信关键技术已经开展了长期深入和持续的研究，在跨介质信道模型、全固态高重频小型化蓝绿光激光器、宽视场窄带宽高灵敏度接收机及跨介质双向通信体制等方面取得了重要进展。中国科学院上海光机所研制了机载蓝绿光跨介质通信系统，并开展了海上飞行试验，基于实验数据完善了跨介质信道模型，验证了跨介质双向通信体制的可行性，填补了多项国内空白[35]。目前正在进一步开展小型化和低功耗工程化技术研究，并针对应用场景，完善自适应通信速率技术，以进一步提升通信系统的可靠性和可用性。随着光源、探测器和数字信号处理技术的不断进步，跨介质蓝绿光通信有望广泛应用于空中无人平台与海上潜标和水下无人平台的数据交互，将水下无人平台、海底观测网节点等纳入空天地海一体化立体通信网络体系，为我国海洋观测提供一种全新的数据交互技术手段，大幅提升数据获取的效率，推动海洋科学工程进一步发展。

8.6　空天地海立体通信网络体系构建

借助空基或者天基平台对水下大潜深平台跨介质通信系统，实现水下传感器网络、水下潜航单元与水面及陆上控制或中转平台间的通信，可切实推进“空-天-地-水面- 水下”一体化信息通信网络建设发展进程。

深海观测网是人类认识海洋的重要手段，是海洋强国战略的必由之路。建设深海立体化监测体系，对于我国实施“透明海洋”“数字海洋”等国家战略至关重要。我国已在东海和南海分别建立了深海观测网，为我国海洋科学研究和海洋安全监测提供了有力支撑，随着观测节点数量、类型和数据容量的不断增加，以及深海观测深度和网络范围的扩大，未来深海观测网对广域高速低时延通信存在迫切需求，海下大容量原位数据的回传一直是制约该体系发展的瓶颈[1]。围绕深海数据传输，结合海水信道特点搭建海下有线/无线全光传输链路，并融合天基、空基高速光通信系统，实现贯通空天地海多模态跨域介质的全光通信系统和网络，具有重要现实意义。借助深海光通信技术，融合海面高速激光通信、水下光纤/无线融合通信、天基/空基跨介质高速通信，面向深海观测网开展贯通水下、水面、地、天、空的大容量数据高速传输，构建空天地海立体通信网络体系是技术发展的必然趋势[1]。

2023 年 1 月 23 日美国太空发展局（SDA）宣布，将其计划中的“国防太空架构”（NDSA）更名为“大规模作战太空架构”（proliferated warfighter space architecture，PWSA），这一星座融合了通信、监测、跟踪、导航和态势感知等多种功能，大部分卫星位于低地球轨道（LEO），少部分位于中高地球轨道。该架构在第 3 阶段（2028 财年）相对第 2 阶段的改进包括更高的导弹跟踪灵敏度、更好的超视距瞄准能力及新增 PNT 能力、蓝绿光通信和受保护射频通信。PWSA 表明低轨蓝绿光通信被纳入美国军用低轨卫星发展计划，并且给出了 2028 年的时间表。按照 SDA 的规划，PWSA 计划将发展多领域的光通信（multi-domain optical communication）技术，届时将在第 3 阶段发射超过 450 颗卫星，这些卫星将形成一个全球性的网状网络。

参考文献

[1] 刘新宇, 周恒, 葛锡云, 等. 水下无线通信装备发展研究[J]. 中国工程科学, 2024, 26(2): 38-49.

[2] 满仲麒, 谭玉彬, 刘显著, 等. 高速水下无线光通信系统研究进展[J]. 光通信研究, 2023(4): 1-6.

[3] 褚馨怡, 袁仁智, 彭木根. 水下无线光通信关键技术与未来展望[J]. 移动通信, 2022, 46(6): 86-90.

[4] 陈超旭, 徐迟, 施剑阳, 等. 基于波前整形和自适应光学的水下可见光通信系统[J]. 重庆邮电大学学报(自然科学版), 2024, 36(1): 166-171.

[5] 王新歌. 基于深度学习的水下无线光通信信道估计与信号检测研究[D]. 大连: 大连理工大学, 2022.

[6] 叶鹏飞, 张鹏, 伍文韬, 等. 基于机器学习的水下光通信信道估计与信号解调算法仿真研究[J]. 光电子·激光, 2024(3): 1-9.

[7] 林浦曦. 基于端对端深度学习的水下无线光通信关键技术研究[D]. 广州: 暨南大学, 2024.

[8] 王健, 王仲阳. 水下轨道角动量光通信[J]. 光学学报, 2024, 44(4): 9-39.

[9] 刘兴, 吴应明, 罗广军, 等. 水下大容量无线光通信技术最新研究现状[J]. 光通信技术, 2017, 41(7): 52-54.

[10] 刘鹏展, 王林宁, 胡芳仁, 等. 水下光通信技术的研究与展望[J]. 数字海洋与水下攻防, 2022, 5(4): 329-334.

[11] 梁静远, 王醒醒, 李征, 等. 水下无线光通信中关键技术的研究与进展[J]. 数字海洋与水下攻防, 2023, 6(2): 215-240.

[12] 王庆港. 基于极化码的水下无线光通信系统设计与算法改进[D]. 西安: 西安电子科技大学, 2022.
[13] JERLOV N G. Marine optics[M]. Amsterdam: Elsevier Scientific Publishing, 1976.
[14] 李博骁, 张峰, 田蕾, 等. 基于遗传算法的水下光传输优化[J]. 电子器件, 2022, 45(3): 636-639.
[15] 蒋红艳. 湍流信道下的水下无线光通信关键性能研究[D]. 桂林: 桂林电子科技大学, 2022.
[16] 杨真. 水下光通信抗干扰与接收处理技术研究[D]. 北京: 北京邮电大学, 2020.
[17] 江火菊. 水下无线光通信系统中自适应阵列技术研究[D]. 桂林: 桂林电子科技大学, 2022.
[18] 李金佳. 水下无线光通信系统及其单光子 MIMO 探测理论研究[D]. 南京: 南京邮电大学, 2022.
[19] 崔宗敏. 海洋湍流中水下无线光通信非对准链路的研究[D]. 西安: 西安电子科技大学, 2022.
[20] 周田华, 范婷威, 马剑, 等. 光束发射参数对蓝绿光海洋传输特性的影响[J]. 大气与环境光学学报, 2020, 15(1): 40-47.
[21] 本刊综合. 国际上首次实现海水量子通信实验[J]. 实验室研究与探索, 2017, 36(11): 1-2.
[22] 许力. 水下无线光通信网络节点移动模型与部署算法研究[D]. 武汉: 华中科技大学, 2020.
[23] 申玲菲, 范婷威, 胡谷雨, 等. 基于蒙特卡洛仿真的水下四点单目测距研究[J]. 光通信研究, 2023(4): 60-67.
[24] 沈洁. 基于竞争的水下光声融合 MAC 协议设计与研究[D]. 青岛: 青岛科技大学, 2019.
[25] Sonardyne. BlueComm 200UV-optional communications system[EB]. 2024.
[26] 孙科林. 全海深视频直播系统完成万米海底 4K 视频直播. 中国科学院深海科学与工程研究所[EB]. 2020.
[27] 田启岩. 多机器人跨域火炬传递技术研究与系统示范应用[J]. 科技成果管理与研究, 2023(2): 81-83.
[28] 姚琰昕. 基于 LED 阵列光源的 QAM-OFDM 水下无线光通信系统研究[D]. 大连: 大连理工大学, 2022.
[29] 聂文超, 李怀亮, 魏佳广, 等. 蓝绿光通信在无人水下航行器组网中的应用[J]. 水下无人系统学报, 2023, 31(4): 654-659.
[30] 左杨. 多用户水下无线光通信系统设计[D]. 桂林: 桂林电子科技大学, 2023.
[31] 王杰, 范婷威, 申玲菲, 等. 全双工水下无线光通信系统自干扰问题研究[J]. 光通信研究, 2023(4): 28-33.
[32] 李超洋, 孙建锋, 卢智勇, 等. 深空激光扩频通信测距一体化技术(特邀)[J]. 激光与光电子学进展, 2024, 61(7): 133-141.

[33] 张清明. 战术机载激光通信实验证实空-海激光通信可行性[J]. 激光与光电子学进展, 1992(3): 38.

[34] STOKES R, BERMAL M, GRIFFITH C, et al. An adaptive data rate controller (ADRC) for the through cloud, undersea laser communications channel[C]//Proceedings of 2012 IEEE Photonics Society Summer Topical Meeting Series. Piscataway: IEEE Press, 2012: 107-108.

[35] 贺岩, 周田华, 陈卫标, 等. 水下与空中平台蓝绿激光通信关键技术研究[J]. 科技资讯, 2016, 14(1): 176.

名词索引